U0317479

春雨惊春清谷天
夏满芒夏暑相连
秋处露秋寒霜降
冬雪雪冬小大寒

年分寒暑 岁有嘉时

——我们的二十四节气与民俗

陈晓晖 编著

气象出版社
China Meteorological Press

图书在版编目（CIP）数据

年分寒暑 岁有嘉时 ： 我们的二十四节气与民俗 / 陈晓晖编著 . -- 北京 ： 气象出版社，2019.3
　　ISBN 978-7-5029-6931-8

　　Ⅰ．①年… Ⅱ．①陈… Ⅲ．①二十四节气—风俗习惯—基本知识 Ⅳ．① P462 ② K892.18

中国版本图书馆 CIP 数据核字（2019）第 027020 号

年分寒暑 岁有嘉时
Nian Fen Hanshu Sui You Jiashi

陈晓晖　编著

出版发行：气象出版社

地　　址：北京市海淀区中关村南大街 46 号	**邮政编码：**100081
电　　话：010-68407112（总编室）　010-68408042（发行部）	
网　　址：http://www.qxcbs.com	**E-mail：**qxcbs@cma.gov.cn
责任编辑：黄海燕	**终　　审：**吴晓鹏
责任校对：王丽梅	**责任技编：**赵相宁
封面设计：符　赋	**插画设计：**张南　姬文娟
印　　刷：北京地大彩印有限公司	**印　　张：**8.5
开　　本：787mm×1092mm 1/16	
字　　数：86 千字	**印　　次：**2019 年 3 月第一次印刷
版　　次：2019 年 3 月第一版	
定　　价：48.00	

本书如存在文字不清、漏印以及缺页、倒页、脱页等，请与本社发行部联系调换

前　言

中国文化独有的二十四节气，经历了一段漫长的发展历程。

最初，从事农业生产的古代先民发现，季节是一个周而复始的无限循环。通过观察，他们意识到，太阳的照射角度是季节转换的一个重要指征。考古学者发现，距今四千年前，我们的祖先已经掌握了用一根长竿测日影长短的方法，确定了日影最长的"夏至"和日影最短的"冬至"这两个节点。几乎在同时，他们还根据对太阳视运动的分析，确定了昼夜均分的"春分"和"秋分"。二十四节气的第一阶段——定"分至日"——便完成了，只不过当时还没有名字，只是用"日中""日永""宵中""日短"这样的词来描述。

春秋时期，在分至日之外，人们又认识到了四季周期中的启闭日。启是立春和立夏，闭是立秋和立冬。二十四节气的骨架"分至启闭"宣告完成。战国时期，分至启闭八个节气也有了各自的名字，并且使用至今。

先秦至两汉时期，出现了"中气"的概念。一年十二个月，每个月都对应着一个中气，春三月为雨水、春分、谷雨，夏三月为小满、夏至、大暑，秋三月为处暑、秋分、霜降，冬三月为小雪、冬至、大寒。从名称上看，这十二中气，加上立春、立夏、立秋和立冬四立节气，已经很接近二十四节气的完整版了。

西汉刘安的《淮南子·天文训》，最早完整记载了二十四节气。至此，二十四节气的个数和名称，都和现在完全一样了。也就是说，从殷商到西汉，经历了千年，二十四节气终于完整成形了。二十四节气现在已被联合国教科文组织正式列为"人类非物质文化遗产"代表作，它对人类文明的贡献举世公认。从那时起直到现在，这二十四个优美的词汇便在我们的年历上循环往复地出现。二十四节气不仅代表中国人的祖先对科学的探索精神，对自然的认识能力，也显示了我们历史悠久的语言是多么典雅、生动、鲜活，充满浓郁的诗意。

目 录

立春

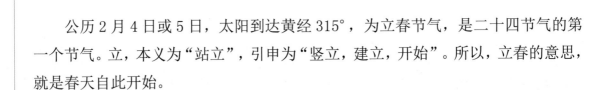

　　公历 2 月 4 日或 5 日，太阳到达黄经 315°，为立春节气，是二十四节气的第一个节气。立，本义为"站立"，引申为"竖立，建立，开始"。所以，立春的意思，就是春天自此开始。

古人说物候

一候东风解冻。古人根据传统的阴阳五行理论，认为春天在方位上属于东方，故春风又叫"东风"，春天在五行属性上属于木，木孕育了火，火是温暖的，所以东风也是温暖的。"冻"在这里不仅仅指冰冻，还指整个自然界在冬季被封冻的状态。在温暖的东风吹拂下，冻结的天地万物开始复苏了，这就是立春初候所描述的情景。实际上，立春时节仍处在观测意义上的冬季里，受到西伯利亚高压的影响，我国大部分地区吹的是西北风，气温也并没有显著的提高。

二候蛰虫始振。蛰虫指藏身在泥土中越冬的小虫和小型动物。古人认为，冬季是阴气主宰世界，到立春时便有一丝阳气在地层中萌发了，蛰虫们感应到这一丝阳气，不再僵眠，苏醒过来，有了一点动静。只是此时阳气还很弱，虫子虽然醒了，却还不会从土壤里钻出来。这里所说的蛰虫多为变温动物，何时从冬眠中醒来，主要看环境气温。立春仍然寒冷，冬眠小动物大多是不会醒的。

三候鱼陟负冰。冬季酷寒时，河流湖泊都结了厚厚的冰，水底深处较暖，鱼都潜伏在那里。立春节气到来，意味着大地回春。太阳辐射增强了，气温也升高了，河流的表层水体也随之增温，从古人阴阳观念的角度来看，就是水中产生了"阳气"。鱼感受到暖意，离开深水，游到水面之下，这时冰层融化，碎冰漂浮，鱼在碎冰间游动，如同背负着冰块一样。

迎春·打春

传统的立春民俗主要有"迎春"和"打春"。这两项民俗原本都是官方礼仪，源起于周，沿传至清，近代逐渐消失。

"迎春"在周代时的最初做法，是要在立春前十天便开始准备，天子要斋戒十天，于立春之日率公卿大臣前往都城东郊，祭祀主管春季的东方大帝太皞及其属臣春神句芒。到了东汉之后，斋戒期减为三天。清朝被推翻后，再也没有了皇帝，也就没有了"天子迎春"这项礼仪。

地方官员的迎春仪式延续得久一些，到民国时期，还散见于东北、西南某些地方。根据部分地方志的记载，立春之前一日，地方官员会到城外东郊举行迎春仪式，然后返回官署，当地乡老穿戴古装衣冠，扮演春神，在厅上舞蹈祈福，口诵吉语。紧接着第二天，即立春当天，就举办打春仪式。打春也叫"鞭春"，历史与迎春一样悠久。

打春仪式开始后，地方官员先祭祀句芒神（春神），再持彩鞭绕着一头纸扎或泥塑的春牛走三圈，边走边打。之后百姓们便上前将春牛打破，正式开启春耕。有的地方，县官还要亲自去田中象征性地犁三次地。这都是古俗的遗存。

咬春

在传统历法上，立春曾被叫作"春节"，而正月初一则叫作"元旦"。1912年辛亥革命以后，中国并行公历、农历两套历法，元旦、春节的名称分别被公历、农历的两个新年用了，立春便不再以"春节"为名，逐渐也就不再被视为节日。当立春还是一个节日的时候，家家户户在这一天要摆春宴、吃春酒、邀请亲朋好友尽情玩乐过节。后来立春的节庆色彩消失，春宴也淡出了人们的生活。但有一些春宴上必备的节令食品，还是被保留下来了，比如春卷。

春卷又叫"春饼""春盘"。立春有"咬春"食俗，有的地方，生吃萝卜谓为咬春，有的地方，咬春就是指"吃春饼（卷）"。春饼或春卷是一种用圆形薄饼包卷荤素菜色的点心。所用薄饼又叫"荷叶饼"，可烙，可蒸，菜主要是萝卜、白菜、豆芽、韭菜、摊鸡蛋、酱肉等。

雨水

公历 2 月 18 日，或 19 日，或 20 日，太阳到达黄经 330°，为雨水节气。这个节气的名称有两层含义：一是天气转暖，降水将从雪的形式转为雨的形式；二是降雨量将越来越多。雨水过后，经冬枯败的树木花草逐渐焕出新绿，大地显得生机勃勃。

古人说物候

一候獭祭鱼。獭（tǎ）是一种水陆两栖的小型哺乳动物，也叫"水獭"，一般生活在河流岸边和林间溪湖边，捕食小鱼和甲壳类动物，过着穴居生活，行踪隐秘。这一候的意思是，雨水时节，肥美的鱼都游到水面附近，水獭将捉到的鱼平摊在地上，似乎在祭祀天地。据说水獭捕鱼的习惯就是把鱼咬出水后一条条堆放在岸边，的确好像人类祭祀时摆放祭品。因此，汉语中有了一个词——獭祭。

二候候雁北。这是说大雁自南向北飞去。这里所说的大雁，是自彭蠡（lǐ）湖，也就是江西省的鄱阳湖往北飞的。鄱阳湖是我国著名的候鸟栖息地，冬季会有上万只大雁来到这里。实际上，越冬的大雁通常在春分后飞回北方繁殖，雨水时节还不到时候。二十四节气起源于黄河流域，那里只是大雁迁徙的中转地，所以描述这一候的古人可能并没有亲眼见过大雁结束越冬启程北飞的情景，而只是出于想象。另外，据研究，先秦两汉时，我国气候比现在温暖，也许那时大雁的迁徙也早一些。

三候草木萌动。古人的阴阳观念认为，冬季，天和地之间断绝了交通，阴气阳气不交接，万物因此停止生长甚至枯萎掉落死亡。春季，天地恢复交接，雨水节气时天地间的阴阳二气已经交互运行通畅，阴气也渐渐将主导地位让位给阳气，阴消阳长，万物生发，征兆就是植物萌生新芽，这也意味着农民可以正式开始耕种了。

龙抬头

一般雨水节气在农历二月，正赶上农历二月初二"龙抬头"。龙抬头又叫"春龙节"，传说蛰伏的龙会在这一天醒来，抬头飞天。因此，这天妇女们都不做针线活，怕戳到龙眼。人们还用白灰或谷糠在地上画线，从门外一直画到宅内的水缸，号称"引龙回"，祈愿自家田地能得到雨水灌溉。孩子们在这天一定要剃头，这叫"剃龙头"。

花朝节

农历二月还有一个古老的传统节日"花朝节"，只是这个节日现在已经不太为人们所熟悉了。

花朝节又名"百花节""花神节"，时在农历二月初二或二月十二，因各地花信不同、花开有早有迟，所以有些北方地区也以二月十五为花朝节。花朝节古已有之，据考证，至迟在唐代已十分成熟。传说武则天当政时，喜欢在花朝节这天以花瓣捣碎和米蒸成糕分赐群臣。

赏花

花朝节最重要的节俗，自然是赏花，特别是女性，难得可以出门赏花踏青、扑蝶为戏。清代宫廷习惯，赏花时还要给花扎彩绸作为装饰。清人徐珂在《清稗类钞》中记载，"二月十二日为花朝，孝钦后至颐和园观剪彩。时有太监预备黄红各绸，由宫春剪之成条，条约阔二寸，长三尺，孝钦自取红黄者各一，系于牡丹花，宫春太监则取红者系各树，于是满园皆红绸飞扬"。这里说的孝钦后，就是慈禧太后。后来这种习俗也传到民间，闺中少女以彩纸剪成条粘贴在树上，称为"赏红"。

祭花神

花朝节祭花神也是一项重要的习俗。花神就是掌管百花的神仙，最早起源于原始的植物崇拜，先是每种花草树木皆有自己的精灵，后来出现了统管所有花木的花神。传说花神名叫"女夷"，又称"花姑"。除了这位统管百花的花神，另外还有十二月花神，主各月所开的花。祭花神的目的，其实是花农为了生计考虑，祈求风雨不要侵害花卉，以免影响收成。

挑菜·晒种

花朝节还有种植、挑菜、晒种等民俗。人们相信这一天种下种子较容易成活，所以很多地方的农民选择花朝节播种蔬果。挑菜就是摘野菜，此时野菜正是鲜嫩的时候，不仅农家，连文人雅士都会出城采摘野菜。直至明清时，还有用野菜和米粉煎饼的花朝食俗。晒种就是各家凑"百样种子"摊出来晾晒，祈祷农事顺遂。花朝节是花的节日，而花又与果有关。因此，人们相信，花朝节的天气情况，可卜一年丰歉。若当天阴雨则不吉，若天气晴好，则主年底百果丰收。

惊蛰

公历 3 月 5 日或 6 日，太阳到达黄经 345°，为惊蛰节气。这时在泥土中冬眠的蛇虫鼠蚁都纷纷爬出地表，同时雷雨天气也出现了，古人便认为是春雷声惊动了这些蛰伏的生物。惊蛰的到来，意味着仲春，也就是春季中间时段的开始。

古人说物候

一候桃始华。惊蛰被称为"二月节"，进入农历二月，桃花始放。桃是原产于我国的果树，也是传统观赏林木。它的花以红色、绯红色为主，花瓣繁复，盛开时美艳无比。我国文学家很早便用桃花来比喻美丽女子，《诗经》中就有"桃之夭夭，灼灼其华。之子于归，宜其室家"的诗句，用于在婚礼上赞美新娘的容貌和情操。

二候鸧鹒鸣。鸧鹒就是黄鹂，是一种羽毛鲜艳、鸣声悦耳的小型林禽。我国最常见的是黑枕黄鹂，又叫"黄莺"。古人认为黄鹂是感"春阳清新之气"而出现在枝头鸣叫的鸟，《诗经》中"春日载阳，有鸣仓庚"（仓庚，同"鸧鹒"）的诗句，就是描绘惊蛰时节嫩绿桑林里回荡着黄鹂歌声的美好景色。

三候鹰化为鸠。这里的鸠指的是布谷鸟。布谷鸟学名"大杜鹃"，羽毛是灰褐色的，杂以白色、黑褐色条纹、斑点，与常见的苍鹰确实有些相似，只是体型小一半。古人认为，凶猛的鹰因感受到阳春的生育之气，化为性格柔和的布谷鸟，等到秋冬肃杀的时候，它们还会再次互相转化。实际上，布谷鸟是一种夏候鸟，秋天便离开繁殖地，春夏的时候才飞回来，古人便以为它们和鹰是同一种动物循气而变的不同形态。

炒惊蛰豆·吃梨

对老百姓来说，惊蛰是一个表示各类害虫消失一冬后即将重现的节气，因此很多民俗都与避虫害有关。南昌旧俗，惊蛰日要炒豆子吃，豆子象征害虫，吃掉就象征消灭虫灾了。江苏有些地方，燃烧春节祭祖留下的红纸，在家中四处照照，同时念念有词"惊蛰照蚊虫，一照影无踪"，祈求夏日少遭些蚊虫叮咬。广东佛山有在惊蛰日放白石灰于书架、衣箱下的习俗，也是为了灭虫。山西太原一带有惊蛰吃梨的习俗，虽然不知道起源是什么，但在当地十分普遍。大多数人是直接吃生梨，也有的地方是煮成梨汤吃。也有人认为，吃梨是为了取谐音"离"，意为祝祷这一年"离害虫远远的"。

惊蛰打虾（蛤）蟆

湖南、湖北等地在清末时还有"惊蛰打虾（蛤）蟆"的民俗，虽然具体做法不一样，但都是表达对蛤蟆、青蛙的忌讳。湖北天门是让孩子们敲锣鼓、梆子，大声唱着歌，孝感则是用荆条打击池塘水面，湖南永州是用生石灰围着房舍撒上一圈，这都是表示驱赶野生的蛙类。一般都认为青蛙、蛤蟆吃害虫，属于对农事有益的小生物，很难理解为什么要在春耕开始不久时驱逐它们，其实这里有一些原始巫术的思维。江南的惊蛰时节，种水稻的农民正在插秧，这时秧苗初生，不能过度浸泡，否则会烂秧。如果初春天气转暖太急，必然意味着较强降雨，水漫稻田，小秧苗便无法顺利生长。湖南、湖北都有谚语说"惊蛰寒，秧打团"，意思是惊蛰天气冷，秧苗长得好，即惊蛰喜寒忌暖。而天气过暖的一个征候，就是蛙类活跃起来，田间能听见蛙鸣声。这就是惊蛰蛤蟆"欠打"的原因。

年分寒暑 岁有嘉时

祭雷公

客家人在惊蛰这天要祭祀雷公，如果惊蛰日恰逢社日，便将土地公与雷公并列，一起祭祀，祈祷风调雨顺。祭祀时人们摆放供品、焚烧香烛，合族欢聚，仪式隆重而欢乐。客家文化中，雷公地位十分尊崇，甚至有"天上雷公，地下舅公"之说，雷公在客家人心目中，犹如地位崇高的长辈一般。客家人认为，如果惊蛰当天能听到雷声，就预示着今年是个丰收年。当然，惊蛰闻雷，更像是一种激励，人们便从这天起，全身心地投入到农业生产中。

春·惊蛰

春分

春分

公历 3 月 20 日前后，太阳到达黄经 0°，为春分节气。这个节气是整个春季的中分点。这天的太阳直射点在地球赤道附近，昼夜时长相等，之后太阳直射点开始向北移动，北半球白昼渐长、黑夜渐短，南半球则相反。

古人说物候

一候元鸟至。"元"通"玄"，玄鸟就是燕子。我国有四种燕子，其中最常见的是习惯在人居及其附近筑巢繁殖的家燕。古人观察到燕子有非常规律的迁徙行为，认为这种鸟"春分而来，秋分而去"。燕子以昆虫为食，一般初春从南方的越冬地飞回北方繁衍后代，整个夏季都很活跃，第一次寒潮来临之前，它们便又飞往温暖的南方过冬。

二候雷乃发声。古人认为，雷是天地之间的阴气和阳气相互接近后产生的，春分时节，四方阳气趋盛，而阴气也仍然存在，双方接近，便产生了雷。从气象科学的角度解释，雷是云层间和云地间剧烈放电现象而产生的巨大声响，因为春分时，到达黄河流域的暖湿气流大大增加，已经具备了雷雨发生的条件，雷阵雨天气开始变得频繁起来。

三候始电。在古人观念中，电和雷都是源自"阴阳"的碰撞，只不过雷是阴阳相激产生的声音，而电光是阴阳相激产生的发光的纹路。也有人直接将电视为雷发出的光。还有人想象，电是阳气生长过盛而偶然泄露时发出的类似火光的光亮。虽然不知其所以然，但古人的观测是准确的，雷电天气的出现，意味着正式进入仲春之月。

祭日

汉代有观念认为，天子奉天为父、奉地为母，把太阳尊为兄长，把月亮尊为姐姐，都要以正式的官方祭礼来祭祀，表示崇拜。春分是祭日的日子。祭日也就是祭祀太阳神。周代时，天子在国都东门祭日，为了"顺天时"，祭日的时间在太阳初升的清晨。这项祭祀绵延不绝，一直到明清依然是重要的国家祭典，只是有一些改变，逢某些特定天干年份，皇帝会在日坛亲自主持祭典，其余年份，则由官员主祭。春分祭日是专属于朝廷的权力，也是封建皇权的象征，普通百姓不能参与。

祭祖

民间也有春分祭礼，就是祭祖。这项民俗主要流行于客家文化中。客家人春分祭祀的是年代比较远的祖先，或曰"开山祖"。如果是近世祖先长辈，会等到清明再祭拜。从春分到清明和谷雨，是客家人祭祖的集中时间，对家墓的祭扫至迟延到立夏，人们认为，过了立夏（也有说是清明），祖先墓门就关闭了，再行祭祀就是无谓的"祭野鬼"。

赶分社

湖南安仁县有历史悠久的"赶分社"习俗。赶分社就是当地人在春分日举办药材交易集市,据说这与炎帝神农氏有关。安仁县地处罗霄山脉,号称"南国药都",盛产草药近千种。传说上古时神农氏曾在安仁一带生活,并教会这里的先民耕田、采药,还开创了以"日中"即春分为期的集市,为大家买卖农具和草药带来便利。

春分还流行一个小游戏,相传起源于我国,即"立蛋",也叫"竖蛋",即在光滑平面上把一枚生鸡蛋竖立起来,在没有任何辅助的情况下使其不倒。听上去这似乎不太可能,实践中也很少见到成功者,但人们都乐此不疲。

之所以在春分日玩这个游戏,有人说是因为这一天地球磁场最均衡,蛋最容易站起来,但更科学的说法是,蛋壳表面本身就存在凹凸不平,如果壳上碰巧能凑齐三个凸起点,制造出一个平面,蛋的重心又比较偏下的话,那么蛋就有可能立起来,也就是说,蛋能不能立,主要取决于蛋,而不取决于是否在春分节气。然而,春分立蛋这个游戏,人们还是习惯了在春分的时候玩。

清明

清明

公历 4 月 4 日，或 5 日，或 6 日，太阳到达黄经 15°，为清明节气。清明的意思是"空气清新，春光明媚"。民谚有"清明断雪，谷雨断霜"之说，大自然到此时彻底扫除寒冬遗留的枯萎灰暗，换上了阳春面貌。清明也是二十四节气中唯一有同名节日的节气。

古人说物候

一候桐始华。梧桐是原产我国的树种，最早在《诗经》中就已被提及，被认为是凤凰栖息的树。古人所说的梧桐，是梧和桐两种略有不同的树木的合称。树皮发青、能结果实的谓之梧，又叫"青桐"；树皮发白、只开花不结果的谓之桐，又叫"梧桐"。现在我们所说的梧桐其实也包含很多种类，其中只有一部分，如油桐和泡桐，是在春天3—4月时开花的。

二候田鼠化为鴽（rú）。此时田鼠归入地下洞穴，白昼不再出现，田间越来越多地能看到从越冬地迁徙而来的鹌鹑。古人认为，在阴阳属性上，田鼠是阴性的，鹌鹑是阳性的，清明时节正是阳气压过阴性、趋于强盛的时候，所以田鼠转化成了鹌鹑，意味着阴气转化成了阳气。现代人也很难确定，他们是真的认为由于阴阳的转换，某一类物种变化成了另一类物种，还是只是修辞方式而已。但至少他们在观察上是相当细致的。

三候虹始见。古人对彩虹的成因有很多解释，其中不乏相当接近科学的。至少古人很早就知道，太阳照在雨滴上，就会出现虹。但是也有一些荒唐说法，认为虹和霓都是蛇形的动物，甚至有传说，彩虹长着驴头，会从天上把头伸到溪流里喝水。这种瑰丽的想象力，也是我们的祖先对自然界好奇与探索的一个副产品。清明时节，雨水霏霏的天气开始变得常见，雨后自然便可见到暌违一个冬天的彩虹。

踏青

清明的春游活动，最早属于上巳节。上巳节时在三月初三，是一个洗濯（zhuó）宴饮的古老节日，人们集结于春天的流水旁，清洗身体，观赏歌舞，饮酒赋诗，十分愉悦。著名书法家王羲之的《兰亭集序》，便是为一次上巳节的文人雅集所写。上巳节出游之后，要去郊外扫墓的清明又接踵而来，因此，到宋元时期，两节在出城踏青上已经混合在一起了。后来，由于上巳节逐渐淡出日常生活，便把踏青习俗留给了清明节。

吴自牧《梦粱录》中记载了南宋时临安（杭州）上至帝王公卿，下至平民百姓，举城欢度寒食、清明的情景。这几天中，因宋室宗族要去朝拜皇陵，普通人要出城扫墓，路上车马拥堵不堪。扫墓之余，吃喝玩乐亦不可少。园林胜景里处处有人宴饮，水上彩船画舫悠然而过，伴随着阵阵清歌，这热闹的场面直到黄昏仍在持续。日落后郊游的人们才纷纷归城，随行仆人肩挑手提，都是在城外买来准备赠送给亲友的礼物。虽然吴自牧本人对这种风俗持批评态度，认为过于奢靡，但从中也能看出南宋的江南经济十分繁荣。借清明扫墓出游踏青的习俗，到清代依然盛行，尤其是平时大门不出二门不迈的女性，以扫墓为名随全家游玩，方能从礼教束缚下稍微解脱一会。

祭扫

　　根据古代礼法，祭祀先祖的活动一般都应该在家族祠庙中进行，比如古典名著《红楼梦》中，贾府的家族祠庙是铁槛寺。每到清明，贾家就要出动男丁前往祭祀，"尽恩时之敬"。然而绝大多数平民百姓并没有家族祠庙，只能去野外"墓祭"，久而成俗。唐朝时，朝廷承认"墓祭"也是合法的祭祀行为，从这时起，到先人坟冢前锄草烧纸才成为正规礼俗。"墓祭"一般称为"扫墓"，也有的地方叫作"上坟""添坟"。

　　最初，扫墓时间是在清明前两三日的寒食节，后来寒食融入了清明，扫墓也随之归并到了清明民俗中。清明节现已是公共假期，这个假期设立的初衷，也是为了便利民众归乡祭扫。当代社会崇尚文明环保，扫墓风气迥异于旧时，人们也习惯了用鲜花代替香烛纸钱。大多数公墓禁止祭扫时焚烧物品，违反者甚至可能遭到处罚。

清明果

清明节有一种名为清明果的节令食物，多为甜食，也有咸馅的，常见于江南和华南，有的地方称为"青团""青饼"。这种食物由糯米粉、黏米粉做成，在揉粉成团的时候，加入沸水氽烫过的新鲜艾草或鼠曲草嫩叶（也有用小麦、青叶的）。这样，揉出来的粉团带着青翠的颜色。再在粉团中填入香甜的红豆沙馅或咸香的肉丁、香菇丁等，捏成浑圆可爱的团子，上笼屉蒸熟后，刷上一层薄油即成。客家人的美食艾糍也是一种清明果，可以用糯米粉和着艾草做，也可以将糯米饭、粳米饭混着艾草舂（chōng）成糍粑，包上花生、芝麻馅，蒸熟食用。艾糍有饼状、条状、饺子状等多种样子，不像青团，唯有丸子形。

艾草是一种用途广泛的药草，香气浓烈，能驱蚊虫，还有一定的杀菌消炎作用。鼠曲草也具有药用价值，中医常用于化痰止咳。从清明果的用料也能看出，人们在这个节气制作这些小吃，其实有着养生、保健、防疫病的目的。不过，民俗不止有其功用，还承载着世代相传的情感。清明时节，田间地头的这些野草、野花正萌芽不久，柔嫩多汁，家家户户采摘它们的嫩芽鲜叶做成的清明果，带着春天特有的香气，是远游四方的南方人永存心间的家乡风味。

放风筝

放风筝是清明节的一个传统游乐项目，因此，清明节也有"风筝节"之称。清人潘荣陛《帝京岁时纪胜》中说："清明扫墓，倾城男女，纷出四郊……各携纸鸢线轴，祭扫毕，即于坟前施放较胜。"这里说的纸鸢就是风筝。清明时人们都到郊外去祭扫祖坟，祭扫之后便拿出携带的风筝，在坟茔前放起来。这种习俗十分奇妙，它使得生者与逝者同时得到了娱乐，在累累坟冢间唤起了春天的生气。

清明节放风筝，一是由于气候适宜。此时温度已升高到一定程度，气清景明，草木荣盛，又时有冷空气来袭，造成较强的风，很适合在户外放风筝。二是有"放晦气"的习俗在其中。有人在风筝上写上病灾之名，然后把风筝放上天，将线剪断，让风筝随风飞走，祈祷病灾也跟着消失了。这是一种古代习俗，现在并不提倡，因为断线风筝随意飘飞，或掉落缠绕，会带来严重的安全隐患。

谷雨

公历 4 月 19 日，或 20 日，或 21 日，太阳到达黄经 30°，为谷雨节气。谷雨是春季的最后一个节气，意思是"雨生百谷"，这是一个万物从复苏期进入活跃期的节气，一些气候较为湿润的地区，此时开始显现初夏气象。

古人说物候

　　一候萍始生。萍就是浮萍，也叫"青萍""水浮萍"，是一种水生植物，喜湿喜热，不耐寒。因为它浮生在水面上，与水面"平"，所以古人名之曰"萍"。在阴阳属性上，浮萍被划分为"阳"物。

　　二候鸣鸠拂其羽。鸠即布谷鸟，"拂其羽"的意思就是振翅飞行。传说布谷鸟是劝农的鸟，它的鸣叫声"布谷布谷"就是在催促农民春耕。人们因此认为，谷雨时节农事更加繁忙，布谷鸟催耕也更急切了，所以在田间飞来飞去。

　　三候戴胜降于桑。戴胜是一种鸟，喜欢生活在树林、农田之类的地方，以昆虫为食。谷雨时戴胜开始在树上筑巢准备繁殖，所以常现身于桑林。古人以为戴胜鸟这是顺应阳气从天而降，传达新蚕将生的征兆。

渔民节

谷雨时，山东荣成等地渔民会举办盛大的祭海仪式，祈祷出海捕捞平安顺利。这项民俗起源于古代渔民祭拜龙王，感激"百鱼上岸"、祈求出海平安的习俗，至少在明代就有了。古时候，渔民们会在谷雨这天聚集在龙王庙，向东南、东北、西南、西北四个方向分别磕头，叩拜四海龙王，并将猪头、酒、馒头等祭品抛入海中。浙江象山渔民也会在谷雨、立夏节气期间，黄鱼汛到来之时，即农历三月二十三日妈祖诞辰日，举办盛大的"开洋"仪式，开启捕捞作业。

年分寒暑 岁有嘉时

谷雨帖

　　山西、陕西、山东、湖北等地，都有在谷雨时节贴谷雨帖的习俗。谷雨帖又叫"谷雨画"，是一种用来禳解毒虫侵害的民俗事物，以黄表纸、朱砂描画而成，一般内容就是神鸡吃毒虫、天师灭毒虫等，有的还写上"谷雨三月中，蝎子逞威风。神鸡叼一嘴，毒虫化为水""谷雨三月中，老君离天宫。手持七星剑，斩煞蝎子精""赫赫阳阳，日出东方，送蝎千里，永不进房"这样的咒语。谷雨时天气已经非常温暖，蛇蝎之类有毒的生物也时常出没于房屋、田野，人们便将这种谷雨帖贴在墙壁上或蝎子洞的洞口，祈祷神灵镇压这些伤人毒物。

谷雨茶

在各大茶产地，谷雨时都一定要采一茬茶，这就是"谷雨茶"。谷雨茶因产于春季中期，又名"二春茶"。这时湿润多雨、不寒不热的天气，使得茶叶鲜嫩肥厚、温和滋润，营养也特别丰富。唐代诗人陆希声有诗云："二月山家谷雨天，半坡芳茗露华鲜。春醒酒病兼消渴，惜取新芽旋摘煎。"说的就是采摘谷雨茶的事。

香椿芽

　　谷雨时节还有一样鲜物不可错过，那就是香椿芽，又叫"椿芽""香椿头"。香椿芽是香椿树的嫩芽尖，色泽紫红或青褐，富含油脂，具有非常浓郁的香气。谷雨前后香椿芽萌生，一个月以后便老去不堪食用了。所以享用香椿芽的时间很短暂，也更显这种"树上蔬菜"的可贵。唐代便可见到古人将香椿芽作为美食和灵药的记录，据说它可明目、祛毒、乌发、疗疮，更重要的是，它清香可口，"能芬人齿颊"，可凉拌，可烹煮，可煎炒，都是佳肴。时至今日，香椿芽依然是谷雨当令的代表美食。

立夏

立夏

公历 5 月 5 日，或 6 日，或 7 日，太阳到达黄经 45°，为立夏节气。这表示夏季开始了，但此时日平均气温能达到 22℃，真正进入气象学意义上的夏天的，只有福州——南岭一线以南的地区。其他大部分地方，日平均气温仍在春季的标准线即 18 ～ 20℃徘徊。

古人说物候

一候蝼蝈鸣。蝼蝈（lóu guō）是一种主要生活在地下洞穴里的昆虫，又叫"蝼蛄""土狗"，"听蝲蝲蛄叫还不种庄稼了"这句俗语里说的蝲蝲蛄，也是它。蝼蝈喜欢在夜间活动，古人因此认为它在阴阳属性上为阴，立夏时节阴气滋长，故感应而鸣。实际上，蝼蝈受环境影响很大，立夏时节的温度、湿度对蝼蝈来说是最适合的，所以这时这种虫特别活跃。

二候蚯蚓出。蚯蚓是人们熟悉的环节动物，和蝼蝈一样，也主要在地下生活，也有昼伏夜出的习性。蚯蚓喜温怕冷，只要环境温度低于8℃，它就会停止生长；同时，蚯蚓喜欢潮湿环境但又怕浸水，雨水太多就会爬出地面。立夏时节气温高，降雨频繁，所以这时候比较容易见到它们。

三候王瓜生。王瓜是一种葫芦科的多年生藤本植物，5—8月开花，8—11月结果，这里说的"生"，指的就是开花前一段时间王瓜藤蔓的旺盛生长。

迎夏

先秦开始实行迎夏祭礼。立夏前三天，天子开始斋戒，立夏当日，天子率领公卿大臣前往都城南郊"迎夏"，祭祀南方天帝炎帝，以及炎帝的属臣祝融。

尝新

民间有在立夏日吃新鲜水果和新麦面食的食俗，谓之"尝新"，还要用樱桃、青梅等水果祭神。江浙商人会做生意，开酒馆的便在这一天向顾客派送烧酒和酒酿，名为"馈节"。

七家茶

立夏这天，江南有煮"七家茶"的风俗。杭州、镇江等地人家会煮"七家茶"，配搭各色果品，送给亲朋好友、街坊四邻。明清时，互赠七家茶的风俗成了豪门大户攀比的舞台。有钱人送出的七家茶"套餐"，水果都是雕花的，还装饰着金箔，所用的茶也都非常名贵，连茶壶都是价值连城的哥窑、汝窑瓷器，这都是一时奢靡的风气使然，本身并没有太大意义。七家茶本来的宗旨，是敦促人们善待邻里、和谐相处，因此，真正的立夏七家茶，茶叶是向左邻右舍要来的，人们都说，喝过了这样的"七家茶"，炎炎夏日也不会生痱子。

除了吃七家茶，浙东的乡村，立夏还要吃"七家粥"。熬粥的米也来自各家各户，喝了这碗粥，大家齐心协力，迎接即将到来的夏忙季节。

立夏蛋

立夏食俗还有"立夏蛋"和"乌米糕"。传说，女娲教百姓们立夏节气时煮蛋挂在孩子们的脖子上，预防疰（zhù）夏，慢慢地，就演变成了立夏吃煮鸡蛋的风俗。江南人煮立夏蛋，并非白水清煮，而是要放一些茶叶末或胡桃壳，目的是把鸡蛋壳煮成深色。后来，不知道是谁，第一个把鸡蛋放进了剩余的"七家茶"里，加上调料来煮，茶叶香味和调料鲜味渗入蛋里，煮好的鸡蛋特别好吃，一传十，十传百，大家就都这样煮立夏蛋了。据说，这就是茶叶蛋的起源。

乌米饭

乌米糕或乌米饭，是用乌饭树叶的汁液和糯米做出来的立夏吃食，色泽紫黑，别具清香。据说这原本是道家修仙的食物，后来佛家也习得此法，在每年的四月初八制乌饭以供佛。也许因为乌饭出现在春光消逝的时节，便逐渐成了民间送春迎夏的节令饭食，明代诗人黄衷有诗云"春风已散黄茅瘴，江雨犹添乌饭寒"，正是此意。

夏·立夏

小满

公历 5 月 21 日或 22 日，太阳到达黄经 60°，为小满节气。因夏熟农作物在这时"小有所满"，而得此名。所谓"小有所满"，意思是籽粒已经略显饱满，但还没有完全成熟。

古人说物候

一候苦菜秀。这里说的苦菜，有人认为是"荼"，有人认为是"苦荬"，二者都是常见的野生植物。秀的意思是开花。

二候靡草死。靡草指纤细小草。这种草大量萌生于春季，不耐炎热干燥。小满节气中期，华北地区会出现干热天气，这种天气对弱小的野草是致命威胁，对正处于乳熟期的大麦、小麦也非常不利。

三候麦秋至。小满节气后期，夏收大麦、小麦逐渐成熟。秋是作物普遍成熟的时节，故此时虽为夏季，对小麦来说却如同秋季，所以叫"麦秋"。小满时值夏秋之交，有收有种，农事非常忙碌，这时的民俗也基本跟男耕女织之事有关。

鲥鱼

小满节气正是鲥鱼回流入长江产卵的时候，吃鲥鱼也曾是一大食俗。

鲥鱼是我国著名鱼种，它肉质细嫩，脂肪肥腴，鳞片亦可食用，明清时成为宫廷御品，还常被皇帝用来赏赐宠臣。鲥鱼主要产区在江浙一带，富春江鲥鱼最为丰肥，鲜活出水后清蒸，滋味极佳，是许多出身江南的文人骚客思乡之情的寄托。世居苏州的明代诗人文彭就写过"我爱江南小满天，鲥鱼初上带冰鲜"的诗句，赞美这"家乡的味道"。

历经数百年的环境变化，现在野生鲥鱼已十分罕见。

年分寒暑 岁有嘉时

小满动三车

江南地区有"小满动三车"的旧俗。所谓三车，指水车、油车和缫丝车。

小满是南方水稻生产的启动时期，稻田必须及时蓄满水，否则，即将到来的高温和强烈日照会导致田坝开裂，水蓄不起来，严重影响后面的插秧。因此，人们要在小满这天开动田头的水车引河渠的水入田，并举行仪式，祭祀车神，祈祝稻米丰产。这就是动水车。

小满又是冬油菜收获的时节。冬油菜的产区主要在长江中下游，小满时菜籽成熟，人们便在这时开起榨油车，榨出新菜油。这就是动油车。

缫车类似纺车。蚕茧被放入热水盆中，溶去胶质，分离出蚕丝，再用缫车把单丝纺成丝绞，这就是缫丝的过程。蚕的养殖分春、秋两季，小满一到，春蚕就要吐丝结茧了。所以，这天养蚕人家有将缫车整修好备用的习俗。

缫车可追溯到汉朝，它比纺棉花的纺车出现得更早。唐代之前的缫车是手摇的，宋代出现了脚踏缫车。直到晚清，人力缫车才被机械取代。现代丝织业已经完全企业化，作坊式生产不复存在，"动缫车"和"动水车""动油车"一样，慢慢变成了与现实农事脱离的民俗文化符号。

传说，蚕桑养殖起源于黄帝的妻子嫘（léi）祖，嫘祖也被尊为蚕神。根据考古研究，至少在7000年前，河姆渡的先民已经开始用野生蚕的丝制作一些简单的手捻丝织品。两千多年后，家蚕养殖和缫丝工艺，即基本完善的丝织业，几乎同时出现在今天的长江、黄河流域，并从此平行发展。至汉代墓葬，便有了丝织实物的出土，直观地证明了养蚕丝织的历史。两汉之后，由于气候改变，黄河流域不再温暖湿润，也就不再适合养蚕（因为蚕是一种喜欢潮湿温暖环境的动物），蚕桑丝织产业逐渐集中到长江流域，蚕桑文化也随之发生变化。中国民间有很多蚕神，如来自神话故事的马头娘娘、马明菩萨，丝织发源地之一古蜀国国王蚕丛，还有历史过于久远而不知其详的菀窳（yǔ）妇人、寓氏公主等，对这些神灵的信仰都生发流行于巴蜀或江南，北方民俗中并无蚕神。出于同样的原因，北方的节气民俗中也没有养蚕的内容。

芒种

年分寒暑 岁有嘉时

公历 6 月 5 日，或 6 日，或 7 日，太阳到达黄经 75°，为芒种节气，是夏季的第二个阶段"仲夏"的开始。芒种的芒，指的是有芒作物，即大麦和小麦的收割；种，指的是夏播作物玉米、大豆、晚谷等的播种。二十四节气的发源地黄河流域并不种植水稻，所以尽管水稻也属于有芒作物，但不包括在芒种的"芒"里。

古人说物候

一候螳螂生。古人认为，螳螂感阴气而生子，次年芒种出壳。用昆虫学的语言来描述，即螳螂的生活周期为一年，盛夏成虫，初秋产卵，幼虫破壳于初夏，恰逢芒种。

二候鵙（jú）始鸣。鵙就是伯劳鸟，"鵙"是古人对它鸣声的拟音。公历5月是伯劳繁殖期的开始，故活动显得频繁。伯劳鸟多生活在树林中，体型中等，性情凶猛，以昆虫和小型动物为食。古时候视伯劳鸟为恶鸟，实际上它吃的大部分是森林害虫，是一种益鸟。

三候反舌无声。反舌，多数解释认为是反舌鸟，这种鸟春天最为活跃，噪鸣不止，入夏后不再那么喧闹，故曰"反舌无声"。还有一种说法，认为反舌是指舌头翻卷向内的蟾蜍。

安苗节

芒种谐音"忙种"，这时农民都在忙着夏收夏种，民俗也都与此有关。

安徽绩溪有一种芒种期间的节俗，称为"安苗节"，在农忙告一段落时举行。这一节俗起源于南宋，历史十分悠久。安苗节的缘起，是为了给极其忙碌疲乏的芒种节气画上一个休养生息的句号，为农民们添添油、鼓鼓劲，为下一阶段的繁忙农事做准备。当地民谣唱出了安苗节的初衷："芒种端午前，点火夜种田。种田种得苦，图过安苗福。"

安苗节的重要内容，是"汪公看稻"。汪公原名"汪世华"，后改名"汪华"，隋末唐初人。他是歙（shè）州（即今绩溪）人，自幼失去双亲，寄养在舅舅家里，长大后成了当地一名普通郡兵。

年分寒暑　岁有嘉时

隋朝末年，天下大乱，汪华举兵攻占歙州、宣州等地，从此自立为王，割据一方。唐朝建立后，汪华为免战乱祸及百姓，主动归顺，唐高祖李渊封他为越国公。汪华死后，为感念他的保护之功，原在其治下的徽宣等六州都建起了汪公庙，赞美他"生为忠臣，死为神明"。绩溪一带最重要的民俗活动，都围绕着汪公信仰，"汪公看稻"就是其中之一。安苗节时，农民会择吉日将本地供奉的汪公神像请入轿中，按照规划好的路线，一路吹吹打打绕行田间，然后再恭恭敬敬把神像送回庙中。虽然说是"汪公看稻"，实际看稻的是巡游祭祀活动的主事人。他们早已准备好红、绿、黄三色小旗，看哪块稻田长势喜人，便给插上红旗，长势一般，便插绿旗，长得不好，便插黄旗。古时候，插上黄旗的人家会遭到族老的训斥，现在倒没有那么严格，毕竟时代变迁，农家的生产经营方式也在变化，水稻收成这一项，对农户来说，已经不是太重要了。

夏·芒种

夏至

　　公历 6 月 20 日，或 21 日，或 22 日，太阳到达黄经 90°，即为夏至节气。这一天，太阳的光线直射在北回归线，北半球的白昼时间为全年最长。夏至之后，太阳的直射点就要逐渐向南半球移动了，白昼时间也慢慢缩短。这一现象，我国人民很早便通过观测发现了，民间谚语就说，"吃过夏至面，一天短一线"。夏至的至，也并非意为"（夏天的）到来"，而是"日长之至"即"白昼最长"的意思。

古人说物候 🔲

一候鹿角解。古人认为，夏至是阳气达到极盛的时候，鹿感受到强大的阳气，头角便会自然脱落。雄性鹿科动物的角每年繁殖季节过后都会脱落，随后再生，周而复始。但各种鹿的繁殖季节并不一样，鹿角脱落时间也不一，在夏至前后脱落的是梅花鹿和马鹿。

二候蜩始鸣。蜩就是蝉，所以这一候也作"蝉始鸣"。蝉的幼虫会在孵化当年的夏天钻进土壤，在地底深处潜藏很长时间——蝉的蛰伏期可以达十多年之久，有趣的是，它们待在地下的年数都是质数，也就是不能被除了 1 和它本身的其他自然数整除的数，因为这样可以最大限度地避免和其他幼虫同时出土，躲开生存的竞争——然后才在某个夏季爬到地面，蜕去金色外壳，羽化成有翅膀的成虫。古人曾误以为蝉是蜣螂（屎壳郎）变的，后来通过观察，了解了蝉的生命过程，还为蝉的幼虫专门取了一个名字"蝮蜟"。

三候半夏生。半夏是一种多年生药用草本植物，全株有毒性，毒性最大的是入药的块茎部分。这种植物喜温暖、湿润环境，野生很常见，也可以种植。夏至前后是半夏的珠芽成熟落地开始生长的时间，因此时夏季已经过半，故而得名。

祭地

古时，夏至与冬至都是重大的祭祀日，由皇家和各级官府主祭。夏至祭祀的是地祇，即土地神。按照古代的阴阳学说，夏至这天阳气至于极盛，同时阴气也开始滋生，而地属阴，所以夏至祭地，表示扶助阴气，以顺应天时。土地神还主宰着农业丰歉，祭祀祂也是为了祈求人间不要发生饥荒。

由于夏季以火为其五行属性，以南为其主管方位，故《礼记·月令》记载，官方发布政令，禁止夏至日在南这个方位上用火。这是一种巫术性质的禁忌。同时，官府还鼓励人们登上山岭楼台，与高高在天的阳气"亲密接触"。

祀祖

虽然民间在夏至日不祭祀正统的地神，但很多地方要祭祖。古人将麦子看作五谷的始祖，于是在麦子成熟的夏至时节，要将这一茬新收的"五谷之祖"奉献给家族的祖先，这叫"荐新祀祖"。

吃夏至面

除了以新麦祭祖，追思先人之外，夏至的民间习俗里还包含了许多丰收的喜悦。比如山东、北京等地，夏至日要吃夏至面。夏至面多是过水凉面，也就是面条煮熟之后要用冷水冲泡降温。

在山东，夏至面是新麦粉做的。其实，小麦收割下来之后，并不适合马上磨粉食用，因为新麦所含的酶活性很高，品质不稳定，黏附力也差，口感不够劲道。最好储存半年或一年，过了后熟期再磨粉。夏至时用新麦做面，不图美味，而是心情使然，辛苦一年的农民，迫不及待想要早点品尝自己耕耘的成果。

北京的夏至面，据清代潘荣陛的《帝京岁时纪胜》记述，亦名"冷淘面"，还要拌上炸酱、菜码吃，属于老北京的传统美食炸酱面的一种。只是炸酱面在冬天不过凉水，要热热地吃，叫"锅儿挑"，夏至的时候吃的是凉面条，配的也是生菜码。这时正是盛夏，暑气蒸腾，吃冷食生菜，既消暑又不怕吃坏肚子。

小暑

公历 7 月 6 日，或 7 日，或 8 日，太阳到达黄经 105°，为小暑节气。这意味着夏季的第三个阶段——季夏——开始了。顾名思义，小暑表示暑气尚小，还没到全年气温最高的时候。各地从此时起，普遍进入盛夏。

古人说物候

一候温风至。古人从感官上体验，认为从这时候开始，吹袭身体的风是全年最热的。至，是极致的意思。

二候蟋蟀居壁。蟋蟀俗名"蛐蛐""促织"，它每年秋季产卵于土中，越冬卵来年春季孵化成为若虫，并掘土为穴，继续生长，到小暑时，若虫便羽化为成虫。古人认为小暑时蟋蟀羽翼初成，故还留在土穴中，等完全成熟后就会飞到野外去生活。其实蟋蟀终生都栖息在地下洞穴里，并非只有小暑时才穴居。

三候鹰始鸷。鹰是隼（sǔn）形目猛禽的泛称，这些猛禽生活习性很相似，都是以捕食中小型哺乳动物、爬行动物及其他鸟类为生。小暑正处于鹰的繁殖期后期，这时许多幼鸟已经孵化出来，并具备了飞翔离巢的能力，古人依其所见，并根据阴阳学说，认为鹰的雏鸟这时开始学习击杀技巧，为即将到来的秋季的肃杀之气做准备。

天贶节

小暑正好与一个源自宋代的节日"天贶（kuàng）节"时间重合。天贶节在农历六月初六。

天贶（kuàng）节并非传统节日，而是地地道道的人造节日。创建这个节日的，是宋真宗赵恒。北宋大中祥符元年（1008 年）春天，一卷黄色帛书"从天而降"，落在皇城大门左承天门的屋顶上。宋真宗说那是老天爷赐给他的"天书"，六月，"天书"又来了，这次降落地点在泰山。宋真宗率领群臣煞有介事地把两份天书都迎入宫中供奉，并在大中祥符四年（1011 年）下旨，将第二次天书降临的日子六月六日定为"天贶节"。

老百姓对纪念"天书"的天贶节没有太多感觉，但六月六本身却成了一个非常重要的民俗节日。在民间，天贶节的习俗和"天赐天书"毫无关系，主要是"晒红绿"和"走麦"。

年分寒暑　岁有嘉时

晒红绿

民间传说六月六是龙王晒鳞的日子。小暑时节天气炎热、日照强烈，阳光中的紫外线强度极高，正好可以杀死蛀虫霉菌，这一天，家家户户要翻晒冬天的衣物，书香门第还要晒藏书，生意人家要晒账本，总之，那些容易霉变的织物皮毛和纸张都要拿出来晒晒。当然，晒的主要是衣物，花花绿绿的，所以，人们称这种风俗为"晒红绿"。江淮地区这时正处在梅雨季节后期，梅雨季节从公历6月持续到7月，长时间阴雨连绵，潮湿难耐，物品格外需要太阳曝晒。只要天晴，便是城中处处"晒红绿"的景象。

走麦

　　"走麦"习俗流行于山西南部。这里也有个传说。春秋时期，晋国宰相狐偃和大臣赵衰是儿女亲家。狐偃的女儿嫁给了赵衰的儿子。狐偃为人骄横自大，赵衰看不过去，批评了他几句，谁知狐偃不但不虚心接受，反而当众辱骂赵衰，把赵衰活活气死了。赵衰的儿子决心为父报仇，他打算在六月六狐偃做寿的时候，在寿宴上杀死狐偃。狐偃的女儿知道了丈夫的计划，犹豫再三，还是赶在寿宴前夜回家告诉了父亲。赵衰的儿子看到妻子私自回娘家了，知道岳父已有所防备，胆战心惊地来到狐偃家。狐偃不恼不怒，拉着他的手说："是我有错在先，你也情有可原。今后我真心改过，请贤婿不计前嫌，原谅我吧。"赵衰的儿子被感动了，从此对狐偃比过去更加亲近。狐偃感激女儿的孝心，以后每年六月六都请女儿回家团聚。

年分寒暑　岁宥嘉时

狐偃六月六接女儿的事传播开来，民间逐渐效仿，久而成俗。在晋南地区，六月六正好是麦收结束后的农闲时间，可以用来走亲戚。一直忙于农事的女儿女婿去看望岳父岳母，也就成了顺理成章的事。走麦的主要目的是让娘家的父母多了解一点出嫁女儿的生活现状，日子过得好不好，能不能吃上饱饭，等等。所以，新婚夫妇会带着新麦做的"礼馍"和大油饼上门，给娘家人看一看今年收成。也有些地方的走麦风俗是娘家父母去看女儿，同样会带着花馍、枣馍和鸡蛋等食品。

　　因为出嫁女儿在娘家被称作"姑姑"，所以六月六也有"姑姑节"的叫法。

夏·小暑

大暑

大暑

公历 7 月 22 日，或 23 日，或 24 日，太阳到达黄经 120°，为大暑节气。大暑时的高温比小暑更上一层楼，一年中最为酷热难耐的时候到来了。同时，这也是季节周期的一个转折点。从大暑开始，大自然的生长与繁荣就要转向收获与消亡了。

古人说物候

一候腐草为萤。意思是此时出现了萤火虫。萤火虫是一种小型的甲虫，分水栖和陆栖。成虫腹部末端有发光器，夜晚发出黄绿色的荧光。水栖萤火虫会将卵下在水边的草丛里，虫卵孵化后，幼虫爬出来，古人便误认为萤火虫是腐烂的草变化而成的。

二候土润溽暑。溽，意为湿热，这一候暑气闷热，土地也经常是湿润的，即空气湿度很大，气温又很高，用现在的话来说，这一候经常出现"桑拿天"。这时正是三伏的中伏，也是一年中高温登顶的时节。

三候大雨时行。大暑节气的最后一个阶段，正是炎夏要转入清秋的时间，这时天气系统开始显现不稳定的征兆，不时有暴雨倾盆而下。适时的大雨不但能少许退去之前的溽热暑气，而且对正处在伏旱煎熬中的庄稼大有好处。

夏·大暑

伏日

大暑正当夏三伏中。三伏和节气不同，以农历计时。夏至后的第三个庚日入头伏，第四个庚日入中伏，第五个庚日入末伏，头伏和末伏各十天，这是固定不变的，中伏的长度则取决于立秋及其后两天内是否有庚日。如果有，中伏就是十天，如果没有，那就是二十天。一般来说，没有庚日的可能性要大于有，所以中伏为二十天的年份较为常见。

三伏是一个时间段，期间有一天是作为岁时节日而存在的"伏日"。伏日具体指哪一天，因为古俗湮灭，现在只能通过史料记载推算，一般认为是入初伏的当天，时在小暑和大暑之间。

伏日曾是非常隆重的祭祀和娱乐节日，和腊日（冬至后的第三个戌日）并称为"伏腊节"。秦汉时期，上至朝廷下至民间，人们每到这天，都要吃吃喝喝热热闹闹一番。但到了东汉，关于伏日的观念发生了变化，出现了"伏日万鬼行"的说法，即伏日是阴鬼出来捣乱的日子，于是，这天的祭祀和节庆活动都被禁止，朝廷甚至要求百姓闭门不出。后来，伏日的节日意义才有所恢复。

朝山进香

　　近代之后，人们不再以伏日为节日，但实际上，伏日的种种风俗，在大暑节气前后仍然可以见到。如陕西西安，有农历六月"朝山进香"的习俗。进入六月之前，当地人就开始采买"子午香"，这种香特别长，也特别粗，因为它得从子时（半夜）烧到次日午时（正午）。"朝山进香"分为两个阶段，初一、初二、初三去市区以南的南五台，十七、十八、十九去市内的千年古刹西五台，统称"朝台"。朝台路上，只要是寺庙，不管供的是哪宗哪派、何方神圣，香客都可以进去进香。

夏·大暑

吃伏羊

　　三伏的一二伏是一年中最热的时候，按照传统医学的观念，饮食上似乎应该以清淡平和为主，多喝喝绿豆汤、莲子汤，清热去暑。然而，在北方很多地区，这个时候却有吃羊肉的习俗，这种习俗称作"吃伏羊"。山东枣庄就在大暑这天炖羊肉汤，就叫"喝暑羊"。

　　伏天、大暑吃羊，其实正是古代伏日节俗的遗存。西汉时百姓便会在伏日杀羊，一方面用来祭祖，一方面供自己过节时饮酒吃肉。至今，吃伏羊仍是一项重要的民间食俗，在江苏徐州甚至还有一个"伏羊节"，节期近一个月，要消耗一万多只羊。

年分寒暑　岁有嘉时

送大暑船

大暑时的民俗，也有与伏日没有关系的，那就是浙江台州渔民"送大暑船"的习俗。大暑船是一种纸扎的假船，大小为真船的三分之一，有时也可以用真的木船代替。纸船内放置神龛（kān），供着五位神灵的纸扎神像（渔民尊称其为"五圣"），还要放入家具、餐具、被褥等各种生活用品，以及刀枪剑戟（jǐ）等武器的纸扎模型。如果用真船，那么里面放的这些东西也应是真的。当地渔民要为"送大暑船"捐出大米，米被分成小袋，装入船中。

大暑船在大暑前至少一周就要造好，安放在台州葭沚的五圣庙。五圣庙的大暑庙会从小暑就开始了，渔民们从各地赶来，进香、祭神、看戏。庙会的重头戏就是"送大暑船"。大暑前一天，人们从五圣庙出发"迎圣"，将本地几个神庙的神像牌位一一请出，送到五圣庙，表示请这几位本地神灵一起来欢送五圣出海。大暑当日，一些渔民们先将大暑船送到江边，然后大队人马从五圣庙开始巡游葭沚，最后到达大暑船所在地。事先已经计算好，这时正是退潮时间。祭祀之后，在大批渔船的护送下，大暑船被拖往椒江入海口，并在那里被烧掉。如果送的是真船，就直接让船漂向大海。

送大暑船这个习俗的内涵是什么，说法不一，有的说是为了驱疫，有的说是为了保佑海上渔船，总之，这项节气民俗生命力极强，至今仍然在台州一带鲜明存在。现在，五圣庙会已经变成了当地的"渔休节"。

立秋

公历 8 月 7 日，或 8 日，或 9 日，太阳到达黄经 135°，为立秋节气。这意味着秋季的开始。秋，通"揫"（jiū）。揫的意思是收束、围拢，也就是说，秋季是一个万物收束收敛的时节。

古人说物候

一候凉风至。凉风指的是西风。西方在阴阳五行之说中属性为金，所以古人也称西风为金风。这里的"至"是到来的意思。立秋节气后，盛行于夏的东南风就要逐渐转为西北风了。因为秋冬季节太平洋上形成了一个低压中心，而蒙古—西伯利亚形成了一个高压中心，于是冷空气便从西北方吹向了东南方。

二候白露降。白露就是露水。这时天气转凉，昼夜温差日渐悬殊，加上空气湿度很大，露点温度（即水汽可以凝结的温度）也较容易达到，所以清晨时在室外的物体表面可以看到露水。古人认为露水的出现，与阴气的上升相关，而秋季取代夏季，也是阴气逐步压制阳气的过程。

三候寒蝉鸣。寒蝉是古人观念中一种特殊的蝉，或者说是一种似蝉而非蝉的鸣虫，又叫"寒螀（jiāng）""寒蜩（tiáo）"，比夏天的蝉体型小，它因感应到阴气增强而鸣于夏末。蝉羽化之后的生存期是 3 个月左右，立秋的时候大部分蝉还活着，古人所谓的寒蝉，其实就是即将死去但仍在发声的夏蝉。

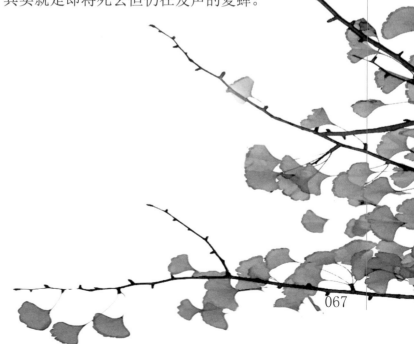

迎秋

立秋曾是一个祭祀白帝和秋神蓐收的节令。白帝少昊氏（也有说法认为其名"白招拒"）为中国传统神灵体系中的五方上帝之一，主西方和白色。蓐收是白帝的属臣，辅佐白帝管理秋天的事务。秋天是庄稼成熟收割的季节，农业收成的好坏，和春耕顺利与否一样，是国家生活中非常重要的事，所以立秋祭白帝的礼仪很隆重。据《后汉书》记载，"立秋之日，迎秋于（都城）西郊，祭白帝蓐收"，礼服和旗帜都是白色，跳八佾（yì）舞，祭品用牛，祭祀时由天子亲自射牛，这是最高级的祭礼，与祭天地相等。

由于朝代更迭，官方礼仪一变再变，到汉代之后，西郊迎秋就不举行了。

年分寒暑 岁有嘉时

贴秋膘

民间的立秋习俗主要跟"吃"有关。因为秋季是一个寒暑转换的季节。我们的祖先已认识到，人体在炎炎夏日里损耗了大量的能量，特别需要补充营养，为寒冷冬季的到来做准备。

河北一带及北京地区流行立秋"贴秋膘"，这主要是为了补充蛋白质。贴秋膘就是吃肉，鸡、鸭、鱼肉都包括在内。著名京派作家汪曾祺曾写过一篇散文，就叫《贴秋膘》，其中提到，北京人贴秋膘主要吃烤羊肉，羊肉也是立秋的时候最肥美好吃。北京的烤羊肉用的是大块木柴火烤，羊肉切成薄片，拌好作料，平铺在铁条贴合而成的"炙子"上。老北京几家著名的烤肉店都是让顾客自己烤肉的，因为炙子放置得高，顾客只能站着边烤边吃，这情景十分有趣。

咬秋

在西北和华北，立秋有吃瓜果的习俗，名为"咬秋"。北方过了立秋，天气开始一天比一天凉，人体一时不适应，更易发生腹泻，咬秋的民俗是为了祈愿肠胃免受病痛——虽然这并没有什么科学依据，但久已成俗。而在西北地区，西瓜其实要等立秋才普遍上市，于此时方得品尝，也是自然而然。

七夕节

立秋后十天左右，即为农历七月初七"七夕节"。这是与立秋相距最近的传统节日。

七夕节又叫"乞巧节"，它历史悠久，汉代便已见诸文字记载。传说这一天人间的喜鹊都要飞上天去，在银河两端搭起鹊桥，让隔河相望一年的牛郎织女在桥上相会一次。七夕节因与擅长女红的织女有关，在我国传统中是一个女性祈求心灵手巧的节日，无论未嫁少女还是已婚妇人，日夜里都要在家中庭院陈列瓜果鲜花和酒菜，祭拜牛郎织女，玩五色线穿九孔针的游戏，比赛谁穿得快。到了明清，游戏升级，穿针变成向水盆投针，看谁的针能在水面上浮得久，过节的时间也从夜晚挪到了看得更清楚、玩得更尽兴的白天。

七月七日本来是始于先秦的时令节日，这一天要把旧衣服拿出来曝晒，并制作新衣服。牛郎和织女是夜空中明亮可见的两个星宿，被附会了美好的神话故事，到了汉代，对牛郎织女神话的崇拜逐渐融入了晒衣制衣的七月七日，最终便形成了"七夕节"。

处暑

处暑

公历 8 月 22 日，或 23 日，或 24 日，太阳到达黄经 150°，为处暑节气。"处"的意思是终结、终止，处暑即表示暑热天气到此为止。此时，太阳直射点的南移趋势已经十分显著，白昼较夏至时明显变短，气温也将持续下降，很快就要进入气象意义上的秋季。

古人说物候

一候鹰乃祭鸟。鹰捕食时，会先用利爪将捕获的小鸟刺死，吃掉易腐坏的内脏，再将鸟的尸体带回筑巢的树，一点一点撕着吃。古人看到这个情景，以为鹰和人一样会用食物献祭天地神鬼。鹰的进食习性一直如此，但为何处暑才有这个物候呢？原来，处暑之前正是鹰的繁殖季，产卵、孵卵和暖雏时，雌鹰极少离巢，雄鹰除了必要的捕猎，基本也都在巢的附近警戒。随着雏鹰长大，育雏任务基本结束，鹰有了更多的时间在外捕猎。也许是因为这样，它们捕杀猎物的画面才更多地被看到了。

二候天地始肃。肃在这里是"缩"的意思。处暑开始，气温不断下降，日照继续减少，自然界动植物旺盛生长的势头被遏止，转向枯萎、收缩。

三候禾乃登。古人将秸秆上生长谷穗的草本植物统称为"禾"，包括稻、黍和稷（小米）、高粱、菰米等农作物。登的意思是"成熟"。《说文解字》说，禾"二月始生，八月而孰（熟）"，禾的籽粒成熟时间，大致上与处暑一致。

中元节

处暑节气期间，有一个比较重要的传统节日——农历七月十五的中元节。

中元节其实是两个节日，只不过因为日期相同而合为一体。这两个节日，一个是源自道教的中元节，另一个是源自佛教的盂兰盆会。

道教有天官、水官和地官三位神灵，合称"三官"，也叫"三元"，即天、地、水三种自然事物的神格化。农历正月十五是天官诞辰，为上元节；七月十五是地官诞辰，为中元节；十月十五是水官诞辰，为下元节。

由于地官主管冥间，中元节就成了赦免鬼魂罪孽的日子。因此这一天，也被民间称作"鬼节"。人们在家中为祖先做斋醮法事、献祭瓜果丝麻谷物和鸡冠花，顺便为其他游荡无依的孤魂野鬼祈福除罪。

盂兰盆会

巧合的是，佛教的盂兰盆会，主题也是为鬼魂赎罪。《盂兰盆经》记载说，佛陀的弟子目犍连看到自己死去的母亲在地狱中受饥饿之苦，心中不忍，求教于佛陀，佛陀告诉他，你母亲罪孽深重，靠你一个人的力量是救不了她的，只有等到七月十五日那天，你准备好各种甘美食物施舍供养世间所有僧侣，方能使你母亲摆脱痛苦。目犍连照着佛陀的教导做了之后，他的母亲果然得救，不再挨饿了。从此，七月十五日成为佛教固定的施舍僧侣的日子。

南北朝时期，《盂兰盆经》传入我国，盂兰盆节时寺院放河灯、烧法船、以盆供食的习俗也被普通百姓所接受，从此与原生的"鬼节"中元节节俗并行，甚至有所融合，许多地方都把盂兰盆会视为中元节的一个内容。

佛欢喜日

虽然两个节日都是为亡灵祈福，但内在还是有很大的不同。如中元节所在的农历七月，被认为是鬼魂可以自由到人间来寻求祭祀和飨食的时间段，多少让人感到有些不吉利。盂兰盆节却是个很吉祥的节日，因为这一天也是僧人的"解夏日"，即结束夏日闭门修行的日子。佛陀指示目犍连在这个日子里布施僧人，正是这个原因。经过一段修行后，功德自然能够提升，这是让人高兴的事，故七月十五也叫"佛欢喜日"。

白露

公历 9 月 7 日，或 8 日，或 9 日，太阳到达黄经 165°，为白露节气。白露的意思是"露凝而白"，即地面和室外物体的表面在黎明时开始出现结露现象。这表示天气转凉，气温下降，昼夜温差变大，夏季的终结和秋季的到来正式进入倒计时。

古人说物候

一候鸿雁来。古人所说的鸿雁，是指大雁这种候鸟的两类个体，大的叫"鸿"，小的叫"雁"，"来"在这里的意思是"迁徙"，大雁很快就要离开停留了数月的北方，飞往南方过冬去了。

二候元鸟归。这里"元"通"玄"，"玄"意为黑色，玄鸟就是燕子。燕子也是候鸟，这时也要去南方了。在春分节气的物候中有"玄鸟至"一说，燕子既然是在春分由南而至，那么白露前后它们飞向南方，就是回去了，所以说"玄鸟归"。

三候群鸟养羞。"羞"通"馐"，指鸟类的食物。不迁徙的留鸟这时开始储存食物，以备越冬所需。

白露养生

白露时的民俗，主要与养生有关，这个节气意味着季节彻底转换，夏天的生活方式必须改变了。

衣着方面，民谚说，"处暑十八盆，白露不露身"，意思就是处暑以后天气还比较炎热，每天要用掉一盆洗澡水，十八天之后，节气交了白露，天气就凉爽了，要改穿长衣长裤，不能再穿露出太多皮肤的衣物，以免身体热量散失，着凉感冒。

饮食方面，白露时，气候由夏入秋，夏季潮湿，而秋季干燥，白露吃水果就成了很多地方的食俗。

唐代诗人杜甫有《白露》一诗说："白露团甘子，清风散马蹄。"这里说的"甘子"，就是柑橘。杜甫曾游历江南，后来又常年生活在四川，晚年颠沛流离于湖南，直至去世，这些地方都是我国柑橘的传统产区。柑橘是秋季的时令水果，白露节气，柑橘将熟未熟，芳香已具，对诗人来说，正是最怡人的秋之况味。

福州节俗，白露须吃龙眼。龙眼又叫"桂圆"，我国广东、广西、福建、云南、贵州、四川、海南、台湾等地都有出产，其中福建最多。福州人讲究大暑吃荔枝，白露吃龙眼，认为这样吃"大补"。龙眼在白露时刚刚自然成熟，新鲜甜美，它可食用的部分，其实是它的假种皮，即包裹在种子外面的一层肉质的物质，营养丰富，含有大量的糖分，适量地吃，对人体很有益处。

白露茶

　　白露时的茶也有说道，名为"白露茶"。茶叶按采摘季节的不同，分为春茶、夏茶和秋茶。春茶是经冬初萌的茶芽，肥绿柔嫩，滋味浓厚，夏茶因在炎热天气里生长旺盛，茶多酚、咖啡因含量很高，口感较为苦涩，秋茶则由于秋季雨量不多，且春夏多轮采收之后，茶树的营养物质减少，茶芽略枯干，口感也偏淡，倒是别具风味。唐代之后诗词歌赋中才有秋天饮茶的描写，说明在唐之前人们并不习惯采制秋茶饮用。

　　白露茶即属于秋茶。元末明初诗人蓝仁《谢卢石堂惠白露茶》一诗写道："春风树老旗枪尽，白露芽生粟粒匀。"这里说的"旗枪"，是春茶中的一种，也概指春茶。白露茶是头茬秋茶，它出产于春茶已经绝迹、爱喝茶的人无茶可喝的时间段，因而显得特别珍贵。

秋分

公历 9 月 22 日，或 23 日，或 24 日，太阳到达黄经 180°，为秋分节气。这天阳光垂直照射赤道，南北极整天都可以看到太阳在地平线之上。秋分的分与春分的分一样，是"平分"的意思。这一天是整个秋季的中分点，也是昼与夜的中分点。秋分后，阳光直射点南移，北半球逐渐夜长昼短，南半球逐渐夜短昼长。

古人说物候

一候雷始收声。黄河流域的古人发现，雷电主要出现在春、夏、秋三季，尤其是夏季最常见，冬季基本绝迹。秋分又叫作"仲秋"，此时秋季已经至半，冬季即将到来，雷雨天气也就开始慢慢地减少了。

二候蛰虫坏户。这里的"坏"（pēi），与表示毁坏、腐坏的那个"壤"（pēi）并非同一个字，是未经烧制的陶土制品（砖瓦陶器等）的意思。蛰虫指冬天要在泥土中冬眠的虫子。秋分之后，这些虫子便把洞穴口用泥一点点封起来，准备冬眠了。

三候水始涸。古人观测到，当夏历九月，二十八宿之一的角宿出现在黎明的东方地平线上之后，降雨就少见了。秋分正是在这之前。也就是说，过了秋分节气，雨量就越来越少，江河的水位也随之逐渐下降。

夕月

在周代的官方礼仪中，有秋分祭月的做法，名为"夕月"。从地球上用肉眼观察，月亮升起的时间在傍晚，升起的方位则不固定。月初时，月亮是从西方升起的，所以古人认为"月生西方"。为了顺应这种"天时"，天子祭月，要在秋分那天傍晚时的国都西门外。历史上很多朝代都保持了古老的夕月之祭。位于北京市西城区的月坛，古称"夕月坛"，正是明代嘉靖年间建造的专门用于朝廷秋分祭月的建筑。

中秋祭月

民俗里其实也保存了夕月之祭，只不过不在秋分，而是被移植给了与秋分相邻的中秋节。

中秋节在农历八月十五，和秋分往往相差一两天。这一天，很多地方都要拜月或是祭月。民间信仰认为月亮主阴，掌管的是和女性的生命与命运相关的事，因此，中秋节的祭月仪式只允许女性参与，男性被排除在外。

民间祭月，祭祀的是月神。月神有很多位，其中最为人们所熟知的，是月中仙子嫦娥。嫦娥最初名为"羲和"，是天帝之妻，月亮之母，后来神话流传演变，嫦娥成了天神后羿的妻子，因吞服不死药，飞升到了月亮上。月中阴影，也逐渐被附会为她寂寞徘徊的身姿。

主阴的月神有赐福给女性的神力。传统观念认为，女性最迫切需要的祝福是生子，所以，中秋祭月的一个很重要的目的便是祈子。如在山东某些地方，主持祭月的妇女会念诵祭词："念月了，念月了，一斗麦子一个了。"这里面就暗含着祈求多生儿子的意思，"了"是"鸟"的谐音。民间甚至认为，沐浴八月十五的月光亦有灵验，女子独自静坐月下，有助于早日怀孕。为了增强月光的"神效"，许多地方还有中秋送瓜的习俗，有的还必须送"偷"来的瓜，接受赠瓜的妇女要马上把瓜吃掉。当然这些都是旧风俗了，现在并不实行。

烧宝塔

民间祭月除了女性在家中摆设香案供品之外，还有一种形式——"烧宝塔"。烧宝塔主要流行于华东和华南地区。江西称之为"烧太平窑"，广东、广西称之为"烧番塔"。传说，烧宝塔是元末农民起义军采用的通信联络手段，后来逐渐演变为民间游戏和节令习俗，搭建的宝塔越来越高，烧起来也越来越壮观。

烧塔的正日子是八月十五，在此之前两三天，举全村之力搭起的砖瓦塔已经矗立在祠堂门前的空场上。十五当天夜里，皓月当空之时，人们带着稻草、柴木等燃料来到塔前，用米酒或米汤浇淋塔身，以祈求稻米丰收，再行祭月仪式，随后将燃料塞进塔里点燃。全村人围着熊熊燃烧的宝塔，歌唱舞蹈，尽情欢乐。

迎老人星

秋分还与一颗星辰有密切关系。这颗星辰就是老人星。老人星处于船底星座，是全天仅次于天狼星的第二亮星。秋分之后，我国的星空才能观测到老人星。传统星象文化中，这颗明亮的恒星代表和平安宁。因此，秋分当日的清晨，天子与大臣们会在都城南郊迎候它的出现。成书于西汉的《史记》里便写道"老人见，治安；不见，兵起"，意思是老人星出现，表示天下太平；不出现，预示着即将发生战争。后世也以老人星的隐现来卜测国运和帝王寿命是否长久。

寒露

　　公历 10 月 7 日，或 8 日，或 9 日，太阳到达黄经 195°，为寒露节气。寒露的意思是"露气寒冷，将凝结也"，即结露的温度越来越低，马上就要转换为凝霜了。此时天气从凉爽变成了寒冷，北方进入深秋时节。

古人说物候

一候鸿雁来宾。来宾的意思是到某个地方去客居。大雁这时候正成群迁往南方过冬。候鸟有在北方的繁殖地和南方的度冬地之间进行季节性迁徙的习性。繁殖地和度冬地都是候鸟的栖息地，没有主客之分，但古人把大雁拟人化了，认为大雁生于北方就是北方籍的鸟，北飞是回归，南飞是做客。

二候爵入大水为蛤。爵在这里是通假字，通"雀"。雀是文鸟科小鸟的统称，常见的有麻雀、黄雀等。大水，指的是海。寒露时天气变得寒冷，雀的繁殖期也结束了，它们不再如春夏时活跃，行踪有所敛藏。而古人认为深秋时阳气已经很弱，阴气越来越重，飞行的生物会幻化成潜藏的生物，以顺应阴阳转换，碰巧蛤蜊就是潜藏在浅海泥沙中，且双壳如翅，上面还有与雀毛色相似的花纹，古人就想当然地以为雀潜入海中变成了蛤蜊。

三候菊有黄华。华也是通假字，通"花"。寒露所在的农历九月，正是菊花初放之时。我国从汉代开始种植菊花，最初品种单一，开黄色花，"纯黄不杂"，后经过长期的人工培育，才渐渐有了五颜六色，故那时古人说到菊花开花，便是"菊有黄华"。

饮菊花酒·佩茱萸

寒露节气期间有一个重要的民俗节日——农历九月初九的重阳节。重阳节又名"重九节",九是阳数,故又称"重阳"。中国传统文化认为,盈亏之间会互相转化,一样事物发展到极致便会走向衰落,九是单数之极,两个九相连更是登峰造极,所以重阳节这个时令并不吉利,需要一些趋吉避凶的手段来缓解。登高、饮菊花酒和佩戴茱萸锦囊等习俗,就是这样的手段。

南朝梁人吴均《续齐谐记》里记载了重阳节这些节俗的起源故事。传说汝南有个叫桓景的人,随术士费长房游学多年。有一天,费长房对桓景说:"今年九月九日,你家中要遭大难,你赶紧回去,让你的家人每人做一个红色锦囊,内装茱萸,挂于小臂,然后登上高处,喝菊花酒,这样方能解厄。"桓景回家依言而行,举家登上山顶,待到日落时分才回家,见家中所有的鸡犬牛羊全都死了。费长房得知后告诉桓景:"这些牲畜就算代你们受难了。"

菊花是一种常用的中药,能疏散风热、平肝明目,秋季人体常感秋燥,颇为适合菊花药饮。菊花酒最早出现于汉代,那时人们酿酒时便在黍米中掺入连茎带叶采摘的菊花,到第二年九月九日酒熟再拿出来喝。到了宋代,便直接以菊花浸在现成的酒中饮用。

茱萸也是一味中药,又名"越椒""艾子",辛香温热,散寒祛湿,有一定的杀菌作用,古人认为它能驱邪除恶。在重阳这样两个阳极之数叠加的特殊日子里,将茱萸切碎装在锦囊中随身佩戴,是为了祈求消灾避祸。

年分寒暑 岁有嘉时

重阳花糕

重阳节还有一个食俗，就是吃糕。

重阳食糕历史悠久，汉代时，九月九日便要吃用蓬草和黏黍米做成的"蓬饵"。宋人孟元老《东京梦华录》中记载，汴梁人在重阳节的前一两日，各家各户会用米粉和栗子、银杏、松子等果实制作花式糕饼，插上彩纸小旗，互相赠送。重阳节为什么要吃糕呢？原来，糕、高谐音，吃糕主要是为了讨个口彩。明人谢肇淛《五杂俎》中便说，九月九日，大人们会把糕切成薄片放在小孩子的额头上，并祝祷说："愿儿百事俱高。"

赏菊

重阳节还是秋游赏菊的时节。宋人周密《武林旧事》中说，南宋皇宫每到重阳，便会在庆瑞殿大规模摆放菊花，有上万盆之多，晚上还要像举行元宵灯会那样点起盏盏菊灯。此风一直延续到了清朝乃至现代。清人富察敦崇在《燕京岁时记》里提到，每到重阳，富贵人家便将数百盆菊花堆砌成塔，因菊花又名"九花"，故这种花艺景观号称"九花山子"。

霜降

公历 10 月 22 日，或 23 日，或 24 日，太阳到达黄经 210°，为霜降节气。此时夜晚气温已降至 0℃以下，空气中的水汽不再凝结为液态的露水，而是直接凝华成细小的冰霜，所以说"气肃而凝，露结为霜"。

古人说物候

一候豺乃祭兽。豺是一种长得像狼但比狼体型小一点的犬科猛兽，习惯群体围猎，非常凶残。入冬前豺要储存尽可能多的食物，正好这时候春季出生的鸟兽也都长大了，数量很多，捕食容易。古人见到豺把猎杀的动物尸体堆放在一起，像人供奉祭品一样，便用祭祀来比喻豺的深秋捕猎行为，因此，还形成了一个词语——豺祭，指代农历秋九月。

二候草木黄落。山林间一度郁郁葱葱的植被，此时开始由绿变黄，枯萎掉落。这时便可以伐木烧炭了。木炭在古代不仅用于取暖，更重要的是为冶炼业所必需。冶炼业越发达，木炭的需求量越大。古人认为，伐木也必须顺应天时，春夏是生长的时候，不可砍伐，所以禁止烧炭；而深秋时天地间以杀气为主，伐木烧炭是顺其自然。这也是古代生态保护观念的一种体现。

三候蛰虫咸俯。此时虫子用泥土将洞穴口完全堵塞，藏身不出了。古人并不知道这些虫子封闭洞穴是为了冬眠，认为它们是感应到地面上的"阴杀之气"势力强盛，"阳气"弱化沉积于下，所以追随阳气钻进地底，并关门闭户以躲避阴气。

百工休

《礼记·月令》中有"霜始降，百工休"的记载。也就是说，周代的法律规定，在霜降节气前后，也就是秋季的最后一个月——农历九月——期间，天气已经开始变得寒冷，手工业者可以停止匠作，以躲避寒气，休养生息。有人认为，这并不是为了工匠们的身心健康着想，而是因为气温低到一定程度，涂到器物上的漆就不牢了，制作出来的器物质量会出问题。不过，《礼记·月令》中，紧随着"百工休"，还有一句"寒气总至，民力不堪，其皆入室"，意思是寒冷天气里百姓体力不支，都居家休息，不再出工。所以，"霜降百工休"的制度，应该也含有一定的照顾工匠的初衷。

霜降节

　　从清代起，直至现在，广西部分地区有一个与霜降同时的节日——霜降节。霜降节持续三天，分为初降、正降和收降三个阶段。这个节日起源于清代。传说广西大雷有一位许姓土司，他与妻子玉音一起骑着牛率军出征广东沿海，抵挡外敌侵略，凯旋时正是霜降日。为了纪念这对土司夫妇的壮举，当地人民建起娅莫庙，并在每年霜降举行游神庆典，延传至今。娅莫是壮语，意思是老妇人，指的正是玉音夫人。霜降节三天活动内容略有不同。初降日主要是"敬牛"，让家中辛劳的耕牛休息一天。正降日为游神日，人们将神庙中的玉音像抬出来巡游，每到一户人家门前，那家人就要燃放鞭炮，表示敬意。巡游结束后，整个节日的重头戏——霜降圩就开始了。这是一个盛大的集市贸易活动。当地人一年所用的消费品，大多在这个集市上购买。晚上，人们组织起对歌、唱戏、体育比赛等，作为节日的娱乐。霜降圩会持续到收降日。同时，由于霜降节也是丰收节，节俗还包括吃"迎霜粽"和糯米糍。迎霜粽以广西盛产的晚稻米为原料，吃糯米糍的名目则是"洗镰"，这两个食俗具有同样的含义，就是庆祝稻米丰产，收获完成。

立冬

　　公历 11 月 6 日，或 7 日，或 8 日，太阳到达黄经 225°，为立冬节气。立冬是冬季的第一个节气，也是"四立"节气的最后一个，年周期从此进入尾声。《说文解字》对"冬"字的解释是"四时尽也"，在古文字中，"冬"亦有"终结"的意思。

古人说物候

一候水始冰。意思是说，（黄河流域地区的）河流、湖泊等水体表面出现了薄薄的一碰就碎的凝冰。古人认为，液态的水属阴，但还含有一些阳气，而冰属纯阴。立冬节气，天地之间的阴气比深秋更重了，水也越来越往纯阴方向发展，薄冰的出现就是征兆。立冬时，地表还蓄积着一定的热量，气温即使已大幅下降，也还不能达到让水体结成坚冰的程度。

二候地始冻。冻是表示地面出现开裂迹象的意思。周易以坤卦代表大地，古人以坤为阴，认为土地冻裂也是阴气进一步加重影响的结果。立冬节气期间的大降温导致水分严重散失，土壤因此干结收缩，产生了坼裂现象。

三候雉入大水为蜃。雉是野鸡，蜃是一种传说中的大蛤，可以有车轮甚至岛屿那么大，吐出的气体能化为幻境，也就是所谓的海市蜃楼。也有的解释认为蜃指的是蛟龙。正常来说，人类应该没有见过蜃的实体，因为无论是能吐气幻景的大蛤还是蛟龙，都并不存在，而野鸡也不会因为寒冷而销声匿迹，照常在田野草原上活动，所以，这一候的描述大约并非出于古人的观察，而是以寒露二候"爵入大水为蛤"之说为参照的想象。

迎冬

　　古人将四立两分节气分为"分""至""启""闭"四类，分就是春分和秋分，至就是夏至和冬至，启为立春、立夏，闭为立秋、立冬。从名称可以看出，立冬的到来，代表着天地万物的闭藏收敛达到第二阶段。古代阴阳理论认为，这时天地间已经完成了阴气战胜阳气并居于优势地位的过程，年周期正式进入尾声，因此是一个需要隆重祭祀的日子。立冬前三天，天子便要开始斋戒，立冬当日，天子亲率王公大臣前往北郊，举行迎冬仪式，祭祀北方大帝颛顼（zhuān xū）及其属神玄冥。之后还要抚恤孤寡，封赏殉国的英烈。立冬日举行迎冬之祀的礼仪，从周代一直延续到宋代。明清时改为冬至日。

年分寒暑　岁有嘉时

黄酒开酿

立冬还是黄酒的开酿日。黄酒是我国特有的酒，以大米、黍米等为原料酿造，营养丰富，酒精含量低，因其颜色为黄褐色而得名。江浙一带是黄酒的著名产地，当地上好黄酒用水都取自鉴湖。农历十月后，鉴湖水中的杂质大多沉淀，水温也低，水体清澈，非常适合酒料发酵。因此，黄酒的最佳酿造期是立冬到次年的立春，立冬开酿就成了江浙黄酒产业的一个传统节日。

洗药浴

立冬是民俗观念中冬季的开端。冬季天寒地冻，人很容易生病，因此，民俗活动常以祛寒祛病为宗旨。古代的杭州等地，立冬那天要用菊花、金银花、各色香草煮热水洗澡，称为"扫疥"，即清洗祛除皮肤病。这一习俗盛行于宋代。

小雪

小雪

　　公历 11 月 21 日，或 22 日，或 23 日，太阳到达黄经 240°，为小雪节气。小雪的意思是，虽开始降雪，但雪量一般不大，降雪时间也不会很长。古人认为，这是地气还没有寒透的缘故。这时黄河流域的气温可降至 0℃ 以下，白昼也已经非常短了。

古人说物候

一候虹藏不见。古人认为，虹是天地间的阴阳二气交接而产生的事物，小雪时节，阴阳二气不再交接，所以不产生虹。实际上，虹是光线在水珠内部发生折射和反射而出现的一种大气光学现象。雨后初晴时，空气中悬浮着大量的小雨滴，阳光通过这些雨滴的折射、内反射等作用，被分散成七种颜色的光进入我们的眼睛，这便是我们所看到的彩虹。因为每一种颜色的光折射角度不同，红色最小，紫色最大，所以彩虹的外缘为红色，内缘为紫色。形成虹的必要条件是空气中要有大量小水滴，小雪时在仲冬，黄河流域降雨稀少，自然也就几乎看不到虹了。

二候天气上升，地气下降。在古人的观念中，天有六阳，地有六阴，天地阴阳相交生出万物，小雪所在的农历冬十月，天的六阳之气都化为虚空，地的六阴之气都和大地凝结在了一起，这就是所谓的"天气上升、地气下降"，这时阴气主宰世间，万物生机不再，一切都凋零枯萎，正符合冬季自然界呈现的面貌。

三候天地不通，闭塞而成冬。承接上一阶段的"天气上升、地气下降"之说，当天地间仅存的一丝阳气被阴气闭锁在地底下时，生长的过程基本静止，衰亡的过程充斥着世界，这意味着四季之最后一个季节——冬季——已经发展成形。小雪的二候和三候并非出于实际观测，而完全是出于主观想象。

祭祀水官大帝

一般小雪前几天，是传统的下元节。下元节为源自道教的节日。道教教义里有三官大帝，天官赐福，地官赦罪，水官解厄，相应着三官信仰，便有祭祀天官的上元节、祭祀地官的中元节和祭祀水官的下元节。下元节在农历十月十五，当天无论贫富，信众都会到道观里办一场斋醮，或祭奠亡者，或祈求消灾除厄。后来，人们将水官大帝等同于水神，于是在下元节的节俗里加入了祈祷江海波平浪静、雨水浇灌田园的内容。由于不知何时开始，太上老君被认为就是水官大帝，而太上老君拥有一只神奇的炼丹炉，于是下元节这天，也演变成了一些地区的冶金匠人祭炉神的节日。

年分寒暑 岁有嘉时

收莞香

小雪还是广东东莞传统的莞香采香日。莞香是莞香树的树体受到虫蛀、雷击之类的损伤后为了自我修复而分泌的油脂，经过微生物作用产生的芳香物质，再经过一段时间的沉淀而结成的晶体，是一种优质的沉香。

莞香树原产越南，宋代之前便已引入我国，在广东的种植生产历史很长，东莞的水土最适宜莞香树生长。明代时，莞香成为东莞的珍贵特产，天下闻名。当时莞人种植和贩售莞香的非常多，富者家有千树，即使普通人家，园中几百棵莞香树也是有的。这些莞香树可作为资产传世，子孙坐享其利，衣食无忧。明代广东诗人屈大均写过很多关于莞香的诗文，他曾送香料给一位朋友，并为此赋诗云，"得自珠官手，来从莞女家""日夕君怀袖，人疑处处花"。在古代，玩香是一种集优雅与奢华于一体的文化习俗，不仅士大夫、文人雅士十分热衷，那些经济富足、人文荟萃的地方，民间对香料的需求也非常旺盛。明朝苏州、松江（今之上海），中秋之夜，千门万户便彻夜燃烧积存家中的莞香，谓之"熏月"，极尽奢华，蔚为盛景。

莞香收获季在冬季，小雪这天是自古沿袭下来的开采日。香农们会在这一天举行采头香仪式。据说，古时候香农家的女儿都要帮忙收香，这些女孩子会偷偷从质量好的香块上切割下一些私藏起来，之后逐渐卖出，这种香就被称为"女儿香"，是莞香之中的珍品。

冬 · 小雪

103

大雪

公历 12 月 6 日，或 7 日，或 8 日，太阳到达黄经 255°，为大雪节气。大雪的大，意为"盛大"，也就是说，这时候的降雪程度比小雪时有所增强，降雪范围也扩大了。

古人说物候

　　一候鹖鴠不鸣。古人说，鹖鴠（hé dàn）是一种鸟，又名"独春"，形似鸭子，夏季浑身长满五色的毛，而冬季无毛赤裸，且昼夜鸣叫，所以被称为"寒号鸟"。此鸟对阴气很敏感，阴气重的仲冬时节，它就不鸣叫，否则预示着会有谣言流行。实际上，寒号鸟是一种小型啮齿类动物，学名叫"复齿鼯（wú）鼠"。因其身体两侧长有飞膜，可以短距离地滑翔，所以被古人误归入羽族，也就是鸟类。复齿鼯鼠没有在大雪时停止鸣叫的习性，只是它生活在人迹罕至的高山森林中，人们很难了解，对它有错误的认识也很正常。

　　二候虎始交。古人将老虎视为能够祛除鬼魅的猛兽，在阴阳属性上属于阴，故此当感受到大雪时天地间残留的微弱阳气时，虎就开始交配了。事实上，虎的交配季节是公历11月到第二年的2月，古人在这方面的观察是比较准确的。

　　三候荔挺出。荔挺，香草名，即马蔺草，也叫"马莲花"。这是一种多年生草本植物，根系发达，非常耐旱，耐重盐碱，还有很强的抗病虫害能力，生命力极为顽强。马蔺草的地上植株11月时枯黄，次年3月返青，仲冬大雪时节，正是马蔺草干枯时，古人便挖出它的根须来做锅刷用。

寒衣节

在大雪节气之前，有一个古老的寒衣节。

寒衣节时在农历十月初一。两汉时期，进入十月，便是人们约定俗成换冬装的时候。包括皇帝在内，这个月就要开始穿厚重的御寒衣服了，所谓"天子始裘"，老百姓则穿上了棉袄。古时候，征战沙场的将士和远行在外的旅人所穿的冬装，都是家乡妻子一针一线缝制出来并千山万水寄送到手中的。活着的人即使距离再远，也可通过驿马送交寒衣，而已经逝去的人，在亲人的想象中依然需要寒衣蔽体，但世间已经没有通路可以送达了。于是，寒衣节"烧包袱"的习俗渐渐形成。

"烧包袱"类似于向亡灵邮寄东西。通常为一纸口袋，长宽分别为一尺（约33厘米）和一尺五寸（约50厘米），外观有两种，一为全白，一为红白纸上画有水墨线条。包袱皮上要写亡者的名讳和祭祀者的名字，还贴着一张印有"冥国邮政"字样的"邮票"。包袱的内容包括纸钱、金箔元宝、"寒衣纸"等。寒衣纸，顾名思义就是烧给亡人做冬衣用的。不满三年的新丧，寒衣纸为白色，意谓新鬼不敢穿彩衣，其他可用彩色花样。

烧包袱的时候，不必到墓地或祠堂，但必须在大门之外，远至十字路口更好。亡者为男性，则在地上画一正对东南西北的十字，放在十字上烧，亡者为女性，便画一圆圈，须留一个缺口。

从唐代到宋元，寒衣节一度与清明节、中元节比肩，成为我国传统"鬼节"之一，移至近代，这个节日祭祀先人的内容虽然还在，但名字已经接近于湮灭，鲜为人知。至于人们所烧的"包袱"，里面也不再装入纸做的寒衣，而是直接装进一些纸钱。当代社会已经不允许祭奠逝者时焚化冥币，寒衣节这个专门烧纸的节日，可能将很快消失。

冬·大雪

冬至

冬至

　　公历 12 月 21 日，或 22 日，或 23 日，太阳到达黄经 270°，为冬至节气。黄经 270° 也被称为"冬至点"。这时太阳直射地球的位置也到达了最南端，即南回归线，从此开始逐渐北移。冬至是北半球全年太阳高度最低、白昼最短、夜晚最长的一天。

古人说物候

一候蚯蚓结。古人认为蚯蚓是一种遇阳气则伸展、遇阴气则蜷缩的虫，冬至时节阴气仍主宰天地，但地里已经开始有阳气萌动，所以藏身在泥土中的蚯蚓一会儿伸展一会儿蜷缩，绕来绕去就打结了。其实，蚯蚓冬季便钻进地层深处保持温暖，0～5℃时进入休眠，如果它们盘曲成一团，静止不动，那也不是因为打了死结，而是冬眠了。

二候麋角解。麋鹿是大型的鹿科动物，俗名"四不像"，是原产我国的动物。古人有食用麋鹿肉的习惯，麋鹿角也被认为是最好的补药，所以麋鹿一直都处在被人类肆意猎杀的境地，数量急剧减少，到了清朝，终于灭绝。20世纪80年代，我国从英国引进了一批麋鹿，经过多年培育，终于在江苏恢复了麋鹿的野生种群。古人认为，冬至是阴气极盛转衰的时节，天地间生出了一丝阳气，而麋鹿是阴性的动物，感受到阴退阳生，故而落角，这其实是对动物生理节律的主观想象。实际上，麋鹿一年要落两次角，冬至时掉落的叫"夏角"，于6—7月长出，夏角落后长出的叫"冬角"，于次年3月间掉落。

三候水泉动。古人认为水是"天之一阳所生"，看到冬至时泉水没有封冻，还可以流动，便认为这是水感应到了天地间初生的"一阳"。其实水不冻结，只是因为温度还没低至冰点。而山泉大多来自地下，地下水的温度通常比地面高，所以山泉不容易结冰。

祭天

古时候，冬至是天子到都城南郊祭天的日子。《礼记》记载，周天子在南郊阳位，也就是正南的位置，清扫地面，祭器用陶器和葫芦瓢，以表示祭天是一种庄重而质朴归真的仪式。后世朝代也多遵循冬至祭天的仪礼。

年分寒暑 岁宥嘉时

九九消寒图

清代有从冬至开始画"九九消寒图"的习惯。冬至次日是数九寒天的开端。这天起每过一个九日，冬天就过去一个阶段，等到第九个九天结束时，时令便冬去春来了。九九消寒图有很多种形式，比如，在九个方格里画上八十一个空心铜钱，每天涂满一钱。又比如画一枝梅花，一共九朵，每朵九片花瓣，花瓣都是素白的，每过一天便涂染一枚花瓣，由于这个习俗多流行在闺阁之中，女子每天早上梳妆的时候，就随手用胭脂给花瓣涂色，别有韵致。还有一种消寒图，是一幅空心的字，字面为"亭前垂柳珍重待春风（風）"，这里的九个字，每个字都是九个笔画，这样每天填一画，正好填满九九八十一天。

冬至过小年

民间一向有"冬至大如年"的说法。魏晋时期，便已将冬至视为"亚岁"，即仅次于正月初一的日子。因此，很多地方这一天要祭祖、上坟、接出嫁女儿归宁等。旧时，南京人把冬至称为"过小年"，工厂商店和学馆私塾都要放假一天，人们走亲访友，宴饮取乐。而合同、契约和欠债，在冬至这天都要处理一下，能了结的尽量要了结，这也和过年是一样的。

馄饨·饺子·汤圆

冬至的食俗相比其他节气要丰富多了，有吃饺子的、吃馄饨的、吃赤豆粥的，还有吃汤圆的。

早在魏晋南北朝时期，冬至便以食用热赤豆粥为俗，这主要是出于养生观念，当时人们认为，冬至时节微阳萌发，热粥温暖肠胃，易于消化，配合自然界的阳气萌动，对身体大有裨益。这种食俗至今仍在江南地区流行。

从宋朝开始，馄饨（直到清代时，馄饨才有了"饺子"这个别名）成为冬至的节令食品。至于原因，说法不一，比较常见的是说馄饨（饺子）形如耳朵，冬至吃了，祝祷耳朵不受冻。吃馄饨（饺子）过冬至的习俗，南北都有。

冬至吃汤圆的习俗主要流行在闽台、潮汕等地，这些地方把冬至汤圆称为"冬节丸"。冬节丸一般没有馅料，以糯米粉搓成，小巧如珠，口感筋道，在红糖汤水里煮熟，风味十足。潮汕地区的习惯是全家一起围着笸（pǒ）箩"搓丸"，搓出的粉丸有大有小，意味着家中人丁兴旺，有老有少。冬节丸还被用来祭祀祖先和家中各处的神明。人们把煮好的粉丸粘在门窗、家具、井边、牲畜栏等处，这叫"糊圆仔丁"，有祈子之意。

小寒

　　公历 1 月 4 日，或 5 日，或 6 日，太阳到达黄经 285°，为小寒节气。小寒的意思是"寒尚小"，就是说这时天气已经很寒冷了，但寒冷的程度还没有达到最大。虽然从现在人们的感受上说，小寒前后才是一年中最冷的时候，但在二十四节气形成之初，也就是先秦到两汉时期的黄河流域，小寒不如大寒冷。

古人说物候

一候雁北乡。乡，同"向"，即大雁飞往北方。古人对大雁生态的观察非常细致，一年之内，物候与大雁相关的有四个，小寒的初候雁北乡（向）是最后一个，而来年正月里的雨水节气，二候"候雁北"，意思也是大雁北飞。小寒所说的雁，指的是老雁，雨水所说的雁，指的是新生的小雁。这种说法始于东晋，后世都认为是准确的说法。其实雁群非常团结，大雁迁徙的时候，无论是向南还是向北，都是壮雁领头、弱幼居中、结群同行的。

二候鹊始巢。这一候的意思是，此时喜鹊感知到了阳气的萌发，开始筑造来年所栖息的巢。鸟类筑巢一般是为繁殖做准备，喜鹊的繁殖期在 3 月，而鹊巢工程复杂，耗时耗力，要花三四个月的时间才能完成，所以 11—12 月开始筑巢是正常的。喜鹊喜欢在靠近人群聚居地的高大树木的顶上筑巢，非常引人瞩目，很容易就能观察到。

三候雉始鸲。雉就是野鸡，古人认为雉的五行属性为火，感受到阳气生发，便开始啼鸣。其实雉在"阳气最足"的盛夏反而是不太鸣叫的，因为这种禽鸟很怕高温，天气一热就没有精神，不但不叫，而且连交配行为都会减少。在小寒时节，雉相对活跃。

腊八粥

小寒前后，通常便进入农历的腊月即十二月了，这是农历年的最后一个月，有一个重要的传统节日——腊八节。腊八节时在腊月初八，这个节日并非起源于我国本土，而是跟随佛教信仰流传而来。据佛经记载，释迦牟尼吃了牧牛女南陀波罗供奉的乳糜，经过沉思，终于在十二月初八这天得道成佛。十二月初八因此被佛教定为"佛成道日"。佛教在我国流行后，佛寺便在此日煮杂果谷物粥供奉给佛祖。这个做法传播到民间后，便形成了腊八日吃腊八粥的习俗。腊八粥所用的杂果种类，各个时代、各个地区习惯虽不一样，但也都大同小异。清代《燕京岁时记》记录，北京地区的腊八粥，用黄米、江米、白米、小米、菱角米、栗子、红豆、去皮枣泥等食材熬煮，然后还要加上桃仁、杏仁、瓜子、花生、榛穰、松子及琐琐葡萄（一种小而无核的葡萄）等干果来做点缀，拌以白糖、红糖。这样的腊八粥，可以算是腊八粥的主要类型。

民间对腊八粥的来历还有自己的解释。河南有些地方，认为腊八粥与南宋的抗金名将岳飞有关。传说岳飞被宋高宗十二道金牌召回时，沿途的河南百姓纷纷将自己家的饭菜倒进一口大锅里煮成粥，送给岳家军充饥保暖，称为"大家饭"。岳飞回到京城后遇害，河南百姓便将送粥的日子腊月初八定为吃"大家饭"杂菜粥的日子，以纪念岳飞。

年分寒暑 岁有嘉时

在明太祖朱元璋的故乡安徽，人们认为腊八粥是朱元璋的发明。朱元璋出身贫寒，小时候帮人放牛，经常忍饥挨饿。传说有一年的腊月初八，朱元璋因为没照看好牛被东家关起来不让吃饭，他饿得扒开了老鼠洞，从里面找到一把米粒和一些花生红豆，煮了一锅粥吃了，觉得美味无比。多年后朱元璋当上了皇帝，吃尽珍馐，到了腊月初八，突然怀念起那杂米粥的滋味，就让御厨做了一大锅分赐群臣。后来老百姓也学宫廷做派，腊月初八煮杂米粥吃，渐渐形成了腊八粥的食俗。

腊八蒜

除了腊八粥，腊月初八这天，华北地区还有泡腊八蒜的习惯，即在腊月初八时，剥出蒜粒泡在米醋里，除夕取出，就着饺子吃。据说腊八蒜不能买卖，只能自家泡制。因为"蒜"与"算"同音，旧时人家欠债，到了年关便会有人上门讨债，若是街上有吆喝腊八蒜的，无力还债的人听见这个"蒜（算）"字心头便是一紧，所以大家互相体谅，谁也不会出门叫卖腊八蒜。

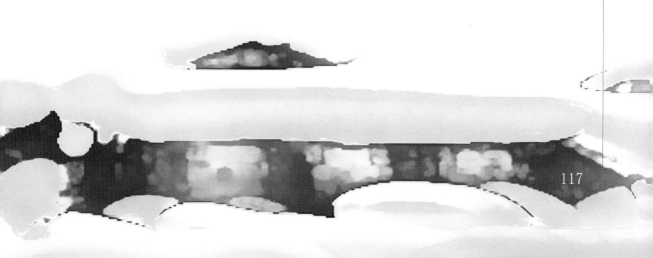

腊日节

腊是我国一种古老的祭祀仪式，即在年终时用猎取的禽兽献祭祖先和各方神灵。农历十二月之所以叫"腊月"，正是因为汉代使用的历法以十二月为岁终，故后世以"腊"指代。

腊祭处于年终岁尾，依照古代哲学的观点，此时天地进入寒冬时令，以阴气为主，但在不久之后将迎来阳气为主的春天，人们就以此为理由，举办聚会，吃喝玩乐，名之曰"发阳气"。所以到了汉代，腊祭形成了一个非常重大的节日，节日的日期，便是举行腊祭的正日子——"腊日"。这个节日也就叫"腊日节"。腊日节是官吏和百姓都可以纵情狂欢的日子，隆重欢乐的程度一如正月初一过新年。为了过节，人们早早就开始做准备，节前五日杀猪、三日杀羊、两日清扫洗濯，节日当天及以后几天内，大家祭祖敬神，大摆宴席，喝酒吃肉，穿上鲜亮的新衣服互相拜会恭贺，宗族姻亲共叙亲睦，官府也暂停了各种劳役差遣，把百姓放回家休息，整个氛围完全就像是在过年。

腊日还要祭祀门、户（窗户）、中霤（房屋中央）、灶、行（道路）五种神灵。这是古时候的"五祀"。五祀主要是家宅之神，这也符合腊祭祭家祖的风俗。

年分寒暑　岁有嘉时

腊日的时间在腊月里，但具体哪一天不是固定的，要依据当时皇朝的五德——金、木、水、火、土——属性与十二地支之间的盛衰关系来确定，冬至后的第三个衰日就是腊日。古代皇朝建立时，都要附会五德，以表示自己能克制前朝，是因为自己的天然属性胜于前朝，也就是天命使然。比如东汉和宋都以火为德，火衰于戌，因此，东汉和宋朝的腊日都在冬至后的第三个戌日。唐朝以土为德，土衰于辰，而唐朝将确定腊日的时间点由冬至改为大寒，所以唐朝的腊日在大寒后的某个辰日。这些朝代的腊日节都很受重视，朝廷还要给官员放节假，皇家也会向大臣们分发保健护肤的药物，以及过节用的肉食，表示恩宠。

　　后来，由于源自佛教的腊八节兴盛了起来，仪式繁复、祭祀对象庞杂的腊日节便逐渐失去了基础，最终淡出了民众的生活。不过它的某些组成部分还是保留下来了，最典型的是祭灶，这一习俗至今还在民间的岁时节俗中鲜明地存在着。

大寒

公历 1 月 19 日，或 20 日，或 21 日，太阳到达黄经 300°，为大寒节气。大寒是二十四个节气的最后一个。大寒的意思是"寒气逆极"，即此时天气最为寒冷。虽然从近代以来的观测看，黄河流域的大寒时节并非全年最低温，小寒才是，但在二十四节气形成时期，确实是大寒最冷。

古人说物候

一候鸡始乳。鸡始乳的意思是鸡开始孵小鸡。古人认为，鸡的五行属性或为水，或为木，水和木都对阳气敏感，所以，在大寒和立春节气期间能感应到阳气生发，因而产卵孵育。实际上鸡一年四季都产卵，雌鸡一天排卵一次，只要经过雌雄交配受精，鸡蛋就可以繁殖出小鸡，并没有时间和季节上的限制。

二候征鸟厉疾。征鸟指的是凶猛如在征战状态中的鸟，也就是鹰隼之类的猛禽。古人认为，这些猛禽在大寒时会变得特别凌厉迅疾。

三候水泽腹坚。水泽腹指河流湖泊的深处、内部。古人已经观察到，冰冻是从水面开始，随着气温降低而逐步向水下蔓延的，到了大寒的时候，水体已经大部分冻结了，而且冻得很坚实。

尾牙

大寒节气期间临近春节，所以有很多年节民俗的内容。

大寒正值岁尾，闽台地区有做"尾牙"的习俗。闽南文化中，非常尊崇福德神，也就是土地公，特别是工商铺子，视福德神为保护神。因此，每个月初二和十六，商铺都要"做牙"。做牙一方面是祭祀土地公的仪式，一方面也是员工福利。老板会在做牙的日子里置办一桌好饭好菜，招待店里伙计，伙计们也难得地能吃上肉。这正是"打牙祭"这个俗语的由来。

虽然月月"做牙"，但一年头尾两次，即正月初二的"头牙"和腊月十六的"尾牙"最为隆重，另外，还有农历六月十六的"半年牙"，三者合称"三大牙"。三大牙比平时的做牙更加丰盛，菜肉管饱，豪饮不禁。同时，尾牙宴上，老板还会发放"年赏"，即年终的奖金。

按理说，有红包拿的尾牙宴应该是非常开心的，但闽南却有民谚说，"吃尾牙，面忧忧"。原来，尾牙宴其实还含有一个隐藏的用意，就是宣布辞退某位伙计。这话老板不好直说，便在宴席上摆一盘鸡，鸡头对着谁，就意味着要辞退谁。被鸡头指到的人，吃过这顿饭，自然也就识趣地请辞了。所以这盘鸡又叫"无情鸡"。

祭灶

腊月二十三是送灶日，也是人们所说的小年。民间传说，这一天，在灶台上守了一年的灶王爷要上天去向玉帝汇报这家人的是非善恶，除夕夜才回来，因此，人们用关东糖送别灶王爷，指望把灶王爷的嘴粘上，见了玉帝说不了话、告不了状。除了糖，还要准备草豆和清水，作为灶王爷坐骑的饲料，这叫"祭灶"。按照民俗，祭灶的只能是家里的男人。

沐浴·弃药

北京老年俗，腊月二十七和二十八要沐浴，洗掉旧年的霉运和病痛。还要把家中吃剩下的药扔到外面去，连药方也一并烧了，祈祷来年无病无疾，康康泰泰。